CINE Y AUDIOVISUAL

sh

[ENCUADRE] LIBROS

Cine y audiovisual
Trayectos de ida y vuelta
Antonia del Rey-Reguillo y Nancy Berthier
(coords.)

Tel. 650563248
www.shangrilaediciones.com
shangrila@shangrilaediciones.com

Mayo 2018

ISBN: 978-84-947616-8-3
Depósito legal: SA 257-2018

CINE Y AUDIOVISUAL
Trayectos de ida y vuelta

COORDINADORAS

Antonia del Rey-Reguillo y Nancy Berthier

AUTORES DE LOS TEXTOS

Carlos Belmonte • Nancy Berthier

Marianne Bloch-Robin • María Lourdes Cortés

Laura Grifol-Isely • Alejandro Izquierdo

Germán Llorca-Abad • Ana María López

Sonia García López • Véronique Pugibet

Ángel Quintana • Jordi Revert

Antonia del Rey-Reguillo • Samuel Sebastián

Paul Julian Smith

sh

SUMARIO

El cine ha muerto. ¡Viva el cine!

ANTONIA DEL REY-REGUILLO
Universidad de Valencia

NANCY BERTHIER
Université Paris-Sorbonne

Durante las dos últimas décadas el cine ha estado viviendo una serie de mutaciones relacionadas con los cambios experimentados por los tres actores que tradicionalmente han intervenido en el hecho cinematográfico: la industria, los creativos y los receptores, a los que hoy se suman factores como los *new media* y ese lugar virtual de interacción conocido como ciberespacio. Todo se ha transformado, los sistemas productores, las formas de ver y hasta los soportes. Por otra parte, las series televisivas rivalizan actualmente con los largometrajes cinematográficos en cuanto a distinción cultural y afición del público. Como consecuencia de todo ello, el cine ya no ocupa la centralidad mediática que tenía tiempo atrás. Si desde el siglo pasado se está pronosticando regularmente la muerte del cine, en la actualidad, la suerte del séptimo arte parece más que nunca en peligro. No obstante, lejos de desaparecer y tal como sucedió en otros momentos de su historia, el séptimo arte resiste y supera los malos augurios con un antídoto fundamentado en una capacidad de adaptación que, inevitablemente, implica una profunda transformación del medio. Obviamente lo que ha muerto es el modelo tradicional, que situó el cine como industria cultural dominante en el curso del siglo veinte, un modelo que se corresponde con un estadio ya superado. De hecho, en la actualidad, el cine está experimentando un proceso de hibridación que hace que su lugar y su función se estén reajustando en el ámbito magmático del audiovisual. Por otra parte, la llegada de la tecnología digital ha redefinido la relación entre imagen y realidad en el mundo contemporáneo, permitiendo la creación de muchos canales de exhibición paralelos e incrementando con ello el consumo doméstico del cine. Las películas han pasado directamente de la sala de proyección al ciberespacio, ese cajón de sastre "donde no hay cánones, ni valores, ni procesos de singularización de los diferentes medios o canales de difusión". Sin embargo, como ha señalado Àngel Quintana la excepcionalidad artística que posee como medio de expresión invita a creer que el cine "debe cumplir una destacada función como alteridad", contribuyendo "a la recuperación de esa imagen del mundo que el exceso de imágenes insignificantes y de discursos audiovisuales formateados ha difuminado". [1]

Partiendo de estas consideraciones, este libro se propone abordar el proceso de reconfiguración del séptimo arte en el panorama profundamente metamorfoseado del audiovisual contemporáneo. Dicho proceso fue sometido a discusión científica mediante una serie de estudios de casos representativos, presentados en el ámbito del VII Coloquio Internacional de Cine Iberoamericano Contemporáneo celebrado en la Universidad de Valencia en junio de 2016. Como resultado del mismo, los trabajos que engrosan el libro conforman un nuevo capítulo en el *continuum* de la reflexión transversal que, desde el año 2010, se lleva a cabo mediante encuentros anuales sobre el cine iberoamericano contemporáneo realizados por un grupo de investigadores universitarios procedentes de Europa y América.[2] En este sentido, los trece textos que reúne el presente libro, como en el caso de las anteriores publicaciones derivadas de los respectivos encuentros, representan un acercamiento plural al tema de estudio, además de poseer un marcado carácter internacional, determinado por el origen de sus autores, procedentes de Colombia, Costa Rica, España, Estados Unidos, Francia, México y Venezuela. La diversidad de acercamientos al objeto de estudio habida en el libro, así como el amplio abanico de casos tratados, pone de manifiesto no solo las distintas tradiciones académicas, sino los diferentes universos cinematográficos abordados, donde confluyen una representación de países con tradiciones e industrias fuertes en el ámbito del cine hispanófono y la de aquellos otros de producción más modesta, pero no menos interesante. En este contexto de pluralidad académica, los trabajos que componen el libro se plantean con un objetivo principal, el de seguir reflexionando y planteándose cuestiones con la voluntad de mantener abierto un debate científico sobre las transformaciones de todo orden que vienen afectando a las relaciones que el cine mantiene actualmente con el resto de los discursos audiovisuales.

1. Quintana, Àngel: *Después del cine. Imagen y realidad en la era digital*, Barcelona: Acantilado, 2011.
2. Concretamente, los encuentros de cine iberoamericano contemporáneo han dado lugar, hasta la fecha, a cinco publicaciones colectivas surgidas entre 2012 y 2017: *Operas primas en el cine documental iberoamericano 1990-2010* (Guadalajara, Prensas de la UDG, 2012), *Cine iberoamericano contemporáneo y géneros cinematográficos* (Valencia: Tirant lo Blanch Humanidades, 2014), *La comedia y el melodrama en el audiovisual iberoamericano contemporáneo* (Madrid: Iberoamericana/Vervuert, 2015), *La cultura de las pantallas. El cine iberoamericano en el panorama audiovisual actual* (monográfico de la Rev. *Nuevo Texto Crítico*, Stanford University, 2015, nº 21) y *Frente a la catástrofe. Temáticas y estéticas en el cine español e iberoamericano contemporáneo* (Paris: Éditions Hispaniques, 2017).

Para ordenar los textos de acuerdo con su contenido, el libro está articulado en cuatro amplios bloques o apartados temáticos. El primero de ellos, atiende a los nuevos usos surgidos de las numerosas y variadas transformaciones que se están dando en el panorama audiovisual contemporáneo. Ellas han ocasionado una serie de consecuencias cuya incidencia se manifiesta en los tres sectores que sustentan la industria cinematográfica, y por extensión audiovisual, es decir, la producción, la realización y la exhibición. Precisamente, esos nuevos modos de exhibición propiciados por la multiplicidad de ventanas que permite el desarrollo tecnológico han dado lugar no solo a que lo audiovisual tenga cada vez más incidencia en los procesos comunicativos, sino a que surjan numerosos cambios en los modos de recepción y en la relación que los usuarios establecen con los medios audiovisuales. En el estudio de esos nuevos usos y actitudes que mantienen los receptores de los contenidos audiovisuales se centra el capítulo de Germán Llorca-Abad. Por otra parte, también los modos de producción se están viendo sometidos a alteraciones y estrategias novedosas propiciadas por la transformación tecnológica, que les permite incluso conformar nuevos formas de acceso y captación de la atención espectatorial. Un ejemplo de ello se da en el marco de la cinematografía mexicana donde el llamado *cine narco* ha llegado a crear un sistema específico de interacción con el público aficionado. Una de sus firmas productoras más representativas es la de Los Brotherz Films y sobre ella centra su estudio Carlos Belmonte analizando con detalle tanto las estrategias que la firma despliega en sus filmes para la captación del público como los procesos de identificación que parecen darse entre los espectadores más jóvenes y los personajes de esas ficciones. A su vez, en lo que respecta al sector de la exhibición cinematográfica, el cambio de los usos tradicionales ha afectado de forma muy sensible a los espacios destinados a ello. Las grandes salas de cine diseñadas para acoger a centenares de espectadores han ido desapareciendo para ser sustituidas por espacios menores y de pequeño aforo ubicados en los cines multisala, generalmente asociados a los grandes centros comerciales construidos en las zonas periféricas de las ciudades. Sobre esa pérdida, que afecta sustancialmente a los cines de barrio, reflexiona el trabajo de Laura Grifol planteándose una serie de cuestiones que tienen que ver con la supuesta pérdida de la centralidad del cine como actividad colectiva de ocio y los nuevos modos de consumo emergentes que vendrían a contrarrestar ese supuesto y a confirmar el surgimiento de nuevas actitudes y usos de consumo que aseguran supervivencia del medio cinematográfico y fijan nuevos modelos de centralidad.

El segundo bloque temático del libro agrupa cuatro capítulos cuyos respectivos autores los dedican a explorar las nuevas estéticas creativas surgidas en el período de "después del cine". Todas ellas se valen de la práctica de la intermedialidad utilizando fórmulas muy variadas. Una de ellas tiene que ver con el uso experimental del cine doméstico, estrategia esta que algunos cineastas españoles vienen utilizando durante los últimos años. Se trata del denominado cine de apropiación, aquel que surge de materiales preexistentes o *found footage*, que merced a la tecnología digital son reutilizados y sometidos a transformaciones diversas con el objeto de generar nuevos discursos fílmicos destinados a reflexionar sobre hechos o sujetos diversos. En torno a la apropiación del *found footage* y los juegos de experimentación fílmica a los que puede dar lugar indaga el texto de Marianne Bloch-Robin, partiendo del análisis de un estudio del filme *El gran vuelo* (2014), como caso extraordinariamente representativo. Por otra parte, el recurso de la intermedialidad también tiene que ver con la poética del reciclaje, es decir, con las innumerables posibilidades que ofrecen al creador cinematográfico tanto la ubicuidad de las imágenes fílmicas como las herramientas que permiten fragmentarlas, manipularlas y reubicarlas en nuevos contextos. A reflexionar sobre las variables que ofrece dicha poética destina Sonia García López su capítulo y desarrolla sus observaciones desde el análisis de la obra del cineasta Luis Ospina, mostrándolo como ejemplo claramente ilustrativo de la misma. En una estrategia algo distinta, la práctica de la intermedialidad se ha dado también combinando los materiales fílmicos documentales existentes en los archivos oficiales y el *found footage* localizado en ámbitos particulares para obtener un filme nuevo donde la distinción tradicional existente entre ambos materiales parece diluirse. Al estudio de esta fórmula creativa se dedica Véronique Pugibet, cuyo texto se centra en el análisis del documental *Zacateco* (2010), surgido de la mezcla de esos materiales dispares, que consigue combinar la historia oficial contenida en las imágenes de los documentales oficiales con las diferentes microhistorias encerradas en cada fragmento de película doméstica recuperada. Y de esa combinación surgen las preguntas y posibles respuestas, que el texto resultante parece dejar en el aire, a merced de la voluntad interpretativa espectatorial. Finalmente, en el cuarto texto que conforma este apartado, Jordi Revert estudia la forma en que la tecnología digital ha permitido superar las barreras existentes entre los modos narrativos del cómic y los del cine. Ellas han propiciando las estrategias de intermedialidad capaces de establecer el fructífero diálogo existente a día de hoy entre ambos medios, cuya plasmación más evidente son las diversas adaptaciones cinematográficas surgidas de los relatos de cómic más reconocidos.

Por lo que respecta al tercer bloque temático, los tres trabajos que contiene abordan los diversos tipos de producciones surgidas de la convergencia audiovisual que, actualmente, se da entre el cine y la televisión. Lejos de la tradicional oposición que pareció existir en otras épocas de la historia del audiovisual, la realidad actual evidencia que ambos medios, televisión y cine, comparten intereses y proyectos y esta circunstancia propicia una dinámica de colaboración que se traduce en la existencia de producciones de convergencia de diferentes tipos. En esa convergencia, las distintas plataformas televisivas, las que transmiten en *streaming* y las convencionales, compiten entre sí por la captación de audiencias, como demuestra Àngel Quintana. El autor centra su capítulo en las confluencias que experimenta actualmente el audiovisual –por su parte, cada vez más deslocalizado– y cómo dichas confluencias inciden en la producción de las series televisivas. Al analizar la forma en que estas van ocupando paulatinamente los espacios tradicionalmente asignados al cine, también en el gusto de los espectadores, se plantea las consecuencias que ello acarrea en el equilibrio existente entre el peso concedido a la narración frente al que se le otorga a la puesta en escena. Un equilibro que parece estar amenazado en las producciones seriadas actuales, precisamente por la condición de vasos comunicantes que mantienen hoy en día el cine y las producciones seriadas de la televisión. En otro orden de cosas, el capítulo firmado por Paul Julian Smith centra su estudio igualmente en el discurso televisivo, aunque ajustado específicamente al caso español. Su reflexión gira en torno al hecho del cambio de estatuto experimentado por el medio televisivo en relación con el cinematográfico, desvelando cómo aquel, considerado el medio de masas por excelencia, ha pasado de ser vilipendiado por los críticos en décadas anteriores a merecer el reconocimiento y la consideración de los estudiosos, mediante la puesta en marcha de diversos mecanismos que intentan legitimar el trabajo de los creativos que nutren sus ficciones. Mediante el análisis de diferentes filmes y series televisivas, el autor demuestra cómo las producciones seriadas promovidas por los canales públicos y privados españoles conjugan las fórmulas narrativas necesarias para captar el interés de las audiencias sin renunciar a unos niveles medios de calidad muy estimables. Finalmente, el capítulo que pone el broche final a este bloque temático aborda otra de las características derivada de la convergencia digital, es decir, la práctica de generar una multiplicidad de productos audiovisuales en torno a un mismo motivo dramático, si ha resultado suficientemente exitoso en su versión original. Observando esta tendencia, Ana María López realiza un minucioso estudio de caso a partir de las diversas producciones audiovisuales derivadas de una de las más importantes películas del cine latinoamericano, la colombiana *La vendedora de rosas*, filmada en 1998 por Víctor Gaviria. Un libro, un documental, una serie televisiva, etc. integran la red de productos que, desde sus diferentes formatos, conforman un tejido transmediático e intertextual de semejanzas y diferencias, cuyas singularidades son analizadas detalladamente por la autora.

Para cerrar el libro, a los apartados anteriores se suma otro de carácter algo distinto. Reúne tres testimonios escritos por autores vinculados de diferente forma a la industria audiovisual. Y sus textos están dedicados a indagar sobre los tres pilares que la sustentan, es decir, la producción, la distribución y la exhibición. Si bien es cierto que, considerada a escala global, la realidad industrial del audiovisual es intrínsecamente cambiante, sus dinámicas se tornan especialmente inestables, y hasta imprevisibles, en aquellas industrias audiovisuales cuya envergadura es pequeña o casi inexistente. En el caso concreto de Venezuela, el texto de Alejandro Izquierdo se ocupa de analizar los cambios producidos en su sistema de distribución y exhibición con la implementación de la Ley cinematográfica nacional del año 2005. Mediante un detallado estudio estadístico, el autor no solo expone de forma contrastada los datos referentes a la producción y exhibición de cine mayoritario en relación con las creaciones del cine 'alternativo' o de autor, sino que, al dar cifras muy precisas sobre la recepción espectatorial, obtiene un dibujo bastante fiable del panorama cinematográfico existente en dicho país. Una situación muy diferente es la que vive el cine centroamericano, el de países como Costa Rica, Panamá, Guatemala, El Salvador, etc., donde tanto las industrias audiovisuales como la legislación para implementarlas son muy endebles. De su situación y circunstancias específicas se ocupa el capítulo de María Lourdes Cortés, que dedica una atención especial a las producciones realizadas mediante el sistema de micropresupuestos. Mediante el estudio de tres filmes concretos, la autora ilustra la precaria situación a la que se enfrentan los creadores cinematográficos en dichos países y su capacidad para superarla, haciendo de la necesidad virtud, y optando por estrategias creativas de perfil más austero, cuya endeblez económica contrarrestan con grandes dosis de ingenio y el compromiso establecido con ese tipo de cine, que ellos defienden con firmeza. En cualquier caso, no hay duda de que la tecnología digital ha abaratado enormemente los costes de producción de las películas, posibilitando, al tiempo, opciones formales que son incluso poco factibles para la filmación tradicional en celuloide. Partiendo de esta premisa y contando con su propia experiencia creadora, desarrollada por entero en el ámbito del cine digital, el realizador Samuel Sebastián reflexiona sobre las formas alternativas de financiación que propician las nuevas tecnologías a aquellos cineastas que rechazan las servidumbres del cine convencional en pro de su libertad creadora. Desde la perspectiva que le proporciona su ya amplia trayectoria de cineasta, y en aras de la libertad y originalidad artísticas, no exenta de dificultades, el autor se posiciona rotundamente en la defensa del cine independiente al tiempo que se cuestiona cuál es el papel que está llamado a desempeñar el séptimo arte en la sociedad actual.

Todo lo dicho hasta aquí confirma que los trabajos reunidos en el libro y la variedad de temas que ellos abordan proyectan una multiplicidad de perspectivas y puntos de vista sobre el proceso de reconfiguración que vive el medio audiovisual en su conjunto, y el séptimo arte en particular. La suma de asuntos estudiados y su variedad de perspectivas confirman tanto la potencia y vitalidad de los discursos audiovisuales como el interés y la demanda creciente que generan entre los consumidores. En ese contexto, pese a sus reconocibles e innegables imbricaciones con el conjunto del audiovisual y singularmente con la serialidad televisiva, el cine parece conservar la potencia y vitalidad suficientes que lo acreditan como merecedor del estatuto propio y diferencial que ha mantenido hasta ahora dentro del magma genérico de los productos audiovisuales. Y, ambas cualidades, potencia y vitalidad, dejan entrever la posibilidad de que ese séptimo arte, a través de la experimentación y el ingenio de los jóvenes cineastas, esté iniciando un camino de vuelta, no tanto de regreso a los orígenes como en busca de su propia esencia diferencial, precisamente la que le está demandando una sociedad saturada de productos audiovisuales repetitivos y ajustados a la demanda del mercado. No obstante, la naturaleza, el itinerario y la meta de dicho camino todavía están por ver.

I. NUEVOS USOS

Los nuevos usuarios ante los contenidos audiovisuales

Germán Llorca-Abad

Universidad de Valencia

Hemos recorrido un corto pero intenso camino desde la introducción de las TIC (Tecnologías de la Información y la Comunicación) en nuestra cotidianidad. En poco más de diez años, se ha dado una proliferación de pantallas que están presentes en buena parte de nuestras actividades y rutinas diarias. Esta situación tiene aún mucho de transitoria, sin embargo, comenzamos a percibir cambios importantes en la relación existente entre los usuarios y las narraciones audiovisuales. La linealidad en la lectura audiovisual, típica del cine y la televisión de la pasada centuria, está siendo substituida por un tipo de consumo asincrónico, fragmentario, que obliga a repensar los vínculos existentes entre el lector y la obra (Llorca-Abad, 2015).

En este proceso se dan cita muchos elementos que son susceptibles de análisis y que ya estaban presentes en la temprana descripción de Jenkins (2003). Este autor determinaba la importancia de lo tecnológico, lo colaborativo, lo industrial-económico y la emergencia de nuevos tipos de usuarios en relación con los contenidos audiovisuales. El concepto de transmedia comenzó a consolidarse a medida que seguía avanzando la evolución de todas estas cuestiones desde una doble perspectiva. En primer lugar, una convergencia entre los dispositivos tecnológicos y los contenidos. En segundo lugar, una convergencia con los usuarios. Esto ha dado lugar a un interesante debate que ha sido analizado por otros muchos autores (Piscitelli, 2009; Pratten, 2011; Scolari, 2013).

Esta realidad no desplaza definitivamente otros tipos de interacción con las narraciones audiovisuales. Las lógicas convencionales del cine, la televisión y hasta de los video-juegos siguen estando vigentes para millones de usuarios. Sí que se constata una profunda implicación de las cuestiones generacionales en la evolución de los hechos. No obstante, es imprescindible apuntar un denominador común y es que lo audiovisual cada vez está más presente como base de los procesos comunicativos. El informe Cisco VNI Mobile (2017) recoge un aumento casi exponencial en el tráfico de vídeo en Internet desde 2016, destacando una ratio anual cercana al 30%. Este incremento repercute sobre otros modos de *ver* e indica un cambio en los patrones de uso, sobre todo, del cine y la televisión convencionales. A medida que aumenta el consumo de relatos cinematográficos y televisivos, cambian las formas mediante las cuales los usuarios se relacionan con ellos.

Las cifras, los conceptos y los argumentos no tienen valor si no se comprenden bien las claves del cambio. En este trabajo nos hemos propuesto llevar a cabo un análisis de la evolución de los cambios sucedidos en el contexto descrito. El propósito es hacer una enumeración y descripción de las claves del proceso, en cuya consideración aprovechamos la abundante literatura existente en relación con el tema. Para ello, hemos estructurado nuestro texto en tres apartados principales: en el apartado 2, planteamos una descripción de los elementos más importantes a la hora de entender las transformaciones habidas en el entorno de comunicación digital. En el apartado 3, centramos nuestra atención en la transformación de las nociones de narración y relato en relación con la experiencia de los usuarios. Finalmente, en el apartado 4, trataremos la cuestión de las nuevas narrativas en relación con los nuevos perfiles de usuarios.

LA REVOLUCIÓN DIGITAL

El uso del concepto de revolución es siempre controvertido, puesto que, ateniéndonos a una definición estricta, significa "cambio rápido y profundo en cualquier cosa" (DRAE, 2014). Ciertamente, las transformaciones que las tecnologías de la información y de la comunicación han introducido en nuestra cotidianidad han sido rápidas y profundas, pero se extienden ya a lo largo de más de cuatro décadas. El proceso ni está cerrado ni, por el momento, sabemos con exactitud hacia dónde nos lleva y es por estos motivos por los que debemos matizar lo de revolucionario.

No cabe duda, sin embargo, de que en el ámbito de la comunicación personal las transformaciones han sido y están siendo importantes y que en su gran mayoría están relacionadas con el desarrollo del ordenador personal. Esto no sucede porque no le concedamos importancia al desarrollo de las primitivas tecnologías de la comunicación en tanto que antecedente necesario, pero la generalización del uso de las computadoras personales conectadas a Internet a finales de la década de 1990 supone un antes y un después en relación con el consumo audiovisual, especialmente de los flujos cinematográfico y televisivo. De igual manera, debemos fijarnos en algunos aspectos concretos de esta evolución.

La aparición del medio digital surge con medio siglo de retraso

> respecto al género cinematográfico, que se inicia a finales del siglo XIX gracias al invento del cinematógrafo de los hermanos August y Louis Lumière, pero se desarrolla de manera exponencialmente superior. La diferencia entre los medios analógicos y digitales radica en su funcionamiento: hasta la llegada de la digitalización, todos los medios funcionaban por analogía, es decir, por réplica o imitación (Gifreu, 2013: 12).

El medio digital es el resultado de la combinación, a lo largo de varios siglos, de las aportaciones hechas por diferentes matemáticos e ingenieros que desplegaron los lenguajes e instrumentos que hoy en día nos son tan familiares (*Ibíd.*). Sin embargo, la auténtica importancia de esta *no revolución* sigue radicando en la capacidad del medio por generar entornos de relación comunicativa sin que deba existir una función de analogía. El proceso de convergencia tecnológica y de contenidos al que aludíamos en nuestra introducción, se ubica al final de este recorrido.

Poco a poco, los dispositivos que nos permiten acceder al medio digital se han hecho más potentes, más pequeños y más flexibles. Los creadores de estas máquinas han comprendido que es el concepto de movilidad el que define la relación entre el usuario y el contenido, es decir, los mundos virtuales a los que accedemos a través de ellas. Es por ello que los programas que articulan el medio digital priman la noción de interactividad entre aquellos factores que forman parte de la ecuación. Esta correlación se advierte perfectamente en la misma transformación del concepto de web, desde su formulación en el 1.0 hasta alcanzar el 3.0 desarrollado de la actualidad, en la que el valor está en la idea de conexión e intercambio:

> En 1997, el 20% de los adultos estadounidenses utilizaba Internet –habiendo partido de cero, sólo algunos años antes–. La Internet probaba su utilidad. Pero no estaba acabada ni realizada. Se precisaban aún algunas piezas: eran necesarias nuevas líneas de larga distancia y de alta capacidad entre las ciudades, herramientas de programación que permitieran el "comercio electrónico" y los vídeos en línea, así como nuevos dispositivos que permitieran una conexión con Internet más rápida y con mayor flexibilidad (Blum, 2012: 73).[1]

1. En portugués en el original. Traducción propia.

El crecimiento de las conexiones y el tráfico de datos Internet ha sido exponencial y se prevé un aumento aún mayor con la progresiva llegada del llamado Internet de las cosas (Cisco, 2017). De estas, una buena parte serán aquellas en las que el usuario estará interactuando con los contenidos audiovisuales. Esto indica un cambio de actitud de los consumidores en relación con los flujos audiovisuales unidireccionales. La experiencia frente a la pantalla de cine o del televisor se modifica en beneficio de unos terminales que ofrecen una experiencia más flexible. En relación con esta realidad, debemos destacar la proliferación de textos audiovisuales hipermedia y multimedia que explotan al máximo las capacidades híper-textuales de la información y de los nuevos terminales. El formato libro, por ejemplo, habría permitido también la experiencia de lo híper-textual, pero es innegable que su potencial máximo se alcanza en la red, con lo audiovisual (Llorca-Abad, 2015: 148).

> La emergencia del medio y la cultura digital, la digitalización de los contenidos y la convergencia mediática llevó a la aparición de la narrativa interactiva en los años '80 del siglo XX. Esta nueva narrativa se caracteriza principalmente por permitir la intervención del usuario en el relato, lo cual provocó una fragmentación de la linealidad que había imperado hasta entonces y cambió totalmente tanto los géneros de ficción (videoclip, publicidad, etc.), como los de no ficción (ensayo, documental, periodístico, etc.). Con ella surgieron también nuevos formatos como las series web, el reportaje multimedia y el ensayo interactivo (Gifreu, 2015: 20).

Llegados a esta encrucijada, podemos afirmar que lo tecnológico allanó el camino a una nueva suerte de contenidos en las que, como afirma Gifreu en la reflexión anterior, el usuario adquiere un gran protagonismo. Es decir, lo digital permite diferentes formas de interactuar con los contenidos, en una suerte de diferentes niveles de lectura que van desde lo lineal, a lo no lineal; de lo completo, a lo fragmentario; de lo superficial, a lo inmersivo. Sobre esta cuestión, volveremos más adelante. Ahora, hay que destacar, que lo audiovisual se desarrolló casi desde los mismos inicios de la *world wide web*, llegando a ocupar un lugar central e indiscutible en la actualidad:

> Parece evidente que los creadores audiovisuales de cualquier estilo, si quieren que sus obras sean vistas y escuchadas por muchas personas, además de utilizar la transmisión televisiva de flujo, o la proyección en una sala de exhibición, tienen que mos-

> trar sus trabajos en algún rincón de este macro canal de comunicación que es Internet, al cual se accede cada vez más desde dispositivos móviles (Niqui, 2014: 13).

A partir de estas reflexiones comenzamos a comprender el auténtico significado del concepto *revolución* aplicado a la transformación digital de lo audiovisual. El cambio en el paradigma de uso y consumo parece inevitable y explica la proliferación de una nueva terminología que define a las narrativas, de las que nos ocupamos a continuación, y de los usuarios, de los que hablaremos más adelante. Aunque, como ya advertíamos, las viejas fórmulas de consumo persistan, las nuevas se sitúan cada vez más en una posición preponderante y de dominación.

LAS NARRACIONES Y LOS RELATOS

A finales de la década de 1970, existía ya toda una generación de usuarios familiarizada con los videojuegos y las llamadas máquinas recreativas de salón (Llorca-Abad, 2015: 148). Un juego nunca se desarrolla dos veces de la misma manera y exige un grado de implicación con la historia muy superior al de un contenido televisivo o cinematográfico. En otras palabras, se había ido preparando un caldo de cultivo adecuado para la recepción de un tipo de contenido novedoso, que prescindía de la linealidad para su disfrute. Otro ejemplo de la influencia de lo digital sobre lo analógico lo encontramos en la exitosa colección de libros de la serie *Elige tu propia aventura*, de concepción similar a la de un videojuego, pero económicamente más asequibles al público general.

Esta evolución de los acontecimientos fue alterando los conceptos de narración y relato, en tanto que vinculadas a los dispositivos tecnológicos. No es que desde tiempos inmemoriales las historias y cuentos no pudieran adoptar diferentes formas de ser explicadas, incluso en formatos muy diferentes. La cuestión en este momento radica en que parece que es el terreno en el que se están dando las mayores innovaciones. La narración y el relato, en tanto que elementos estructuradores del pensamiento, el conocimiento y la memoria, se reconceptualizan constantemente en los entornos digitales de comunicación. A nuestro entender, esto tiene repercusiones muy evidentes en el modo de consumir contenidos por parte de los usuarios, pero también debería tenerlas, como veremos más adelante, en la manera de construirlos.

En tiempos recientes, se ha popularizado toda una nueva nomenclatura que inunda los textos que analizan el fenómeno. Así, conceptos como narraciones cross-media, transmedia, multiplataforma, o mejoradas se han convertido en los habituales en relación con el estudio de los contenidos. Huelga decir que las diferencias entre ellos, en ocasiones, son mínimas, pero sin duda suponen un intento de conceptualizar una realidad en ocasiones escurridiza. De todos los términos, es el de transmedia el que atrae más la atención de los mundos profesional y académico. Aunque queda pendiente de resolver la cuestión de si se trata de verdad de una nueva forma de narrativa, o una mera fórmula comercial (Ryan, 2016: 8), lo transmediático no deja de sumar adeptos.

> (...) lo que hacen las narrativas transmedia es extender la historia principal a diferentes plataformas a través de otras narrativas que aportan contenido al relato principal sin estar desvinculadas entre sí, aunque la diferencia principal entre los productos cross-media y los transmedia reside en que, en los últimos, cada parte de la narrativa puede ser consumida de forma independiente (García y Heredero, 2015: 265).

García García y Rajas (2011b: 9) hablan de mutaciones mediáticas, de una suerte de cambio que es estructural. Podemos afirmar que se está produciendo un profundo rediseño del fenómeno narrativo en el que convergen sustancias expresivas, técnicas creativas, nuevos agentes e interlocutores del proceso, de modos de difusión, de experiencias de recepción. Tampoco debe perderse de vista otra de las características generales de este proceso: "El consumo de lo audiovisual pasa de tener un componente colectivo (cine, televisión) a uno individual: nosotros solos ante la pantalla del dispositivo" Moreno (2011: 38). Después de muchos siglos de historia narratológica, y muy a pesar de esa sensación generalizada de estar participando en procesos de comunicación compartida, los procesos de comunicación digitales conducen a una honda singularización de las relaciones comunicativas. Consumir contenidos vuelve a convertirse en un acto individual y solitario como ocurría con el kinetoscopio (Tognazzi, 2012: 85) y, como trataremos de argumentar más adelante, deviene una de las claves esenciales en el cambio del paradigma comunicativo.

> Respecto a las formas narrativas audiovisuales, ya las vanguardias artísticas de principios del siglo XX presentaron la necesidad de fragmentar o romper la linealidad y la unidad de la idea de realidad y fueron transgresoras con la forma. Con la irrupción de la interactividad se produce un cambio de paradigma que invita a la readaptación de conceptos que se daban por cerrados, con la fi-

> nalidad de ampliar el léxico y empezar a divisar posibles sinergias yconexiones entre formatos, géneros y macro-géneros (Gifreu, 2015: 21).

Por todo lo expuesto, debemos preguntarnos por el auténtico alcance de los hechos. ¿Significa que desde este momento todos los proyectos audiovisuales deben ser transmedia? La respuesta es clara: no (Acuña y Caloguerea, 2012). La cadena de valor en las producciones audiovisuales sigue estando orientada hacia la creación de productos monomedia. Simultáneamente, desdeñar el alcance de estas nuevas estrategias narrativas es no darse cuenta de su potencial. De entre las ventajas se destaca la posibilidad de ofrecer diferentes niveles de profundidad de la experiencia en relación con los contenidos. Estos se diseñan para expandirse a través de diferentes pantallas, donde se deben aprovechar las fortalezas del medio específico (Pratten, 2011), no siendo necesario conocer la narración de cada pantalla para disfrutar de ellas individualmente.

Este planteamiento es apropiado para comprender los hábitos de unas generaciones que, al calor de la web 2.0, han aprendido a interactuar con los contenidos, no como meros asistentes pasivos, sino como parte de los procesos colaborativos. Jenkins (2008) lo ha denominado la cultura de la convergencia. Este concepto remite a la colaboración y a la participación en los procesos comunicativos. Las narrativas transmediase aprovechan de este potencial, no sólo con una finalidad divulgativa o comercial, sino con el propósito de expandir las posibilidades narrativas de las historias.

> Con este telón de fondo, las historias dejan de ser contadas para ser escuchadas. Ya no se ofrecen relatos, sino mundos y experiencias, donde todos tienen la opción de participar en calidad de co-creadores. Todos cuentan y todos (se) escuchan (Costa, 2013: 562).

Tal y como se viene observando, es un planteamiento aún para minorías. Acuña y Caloguerea (2012) han propuesto la regla del 90-9-1; es decir, del número total de usuarios de un contenido audiovisual, un 90% seguiría respondiendo al patrón de una audiencia convencional. Un 9% responderían a las características de usuarios que son seguidores-fan de un contenido, pero que no participan activamente en ningún proceso de co-creación a propósito del contenido principal. Sólo un 1% de los usuarios sería considerado prosumidores. Son los que demandarían contenidos inmersivos y estarían dispuestos a reelaborar una parte del contenido, colaborando así con la expansión del universo narrativo. A pesar de que este último tipo de usuario constituya un porcentaje pequeño respecto del total, debe tenerse en cuenta que el alcance de cualquier proyecto audiovisual es global y en términos absolutos supone hablar de muchas personas. La investigadora Ana Lastra (2016: 83-84), a propósito del cortometraje de presupuesto moderado *Kung Fury*, destaca:

> Los prosumidores que se han acercado al proyecto han sido de los tres tipos que se han calificado con anterioridad (consumidor, distribuidor y productor, ya sea de contenido original o subyacente). El cortometraje cuenta con más de veinte millones de visitas (a fecha septiembre de 2015) y está subtitulado en más de 12 idiomas, además, de una versión doblada en español realizada de manera gratuita y sin ánimo de lucro. En Youtube también puede encontrarse compilaciones anónimas de las reacciones de espectadores ante el visionado del cortometraje. En cuanto a contenido subyacente se encuentran *fan arts, cosplays* y otros materiales gráficos que se pueden encontrar en diferentes redes sociales.

Mientras el usuario convencional asiste a la sala de cine[2] y se conforma con leer alguna reseña de la película, un grupo creciente de usuarios exige otra clase de contenidos complementarios que le permitan seguir disfrutando de la misma a través de otras pantallas. Este grupo estará atento a los estrenos, noticias y novedades relativos a la película. Sólo el grupo de los fans añadirá su trabajo en la reelaboración de una parte del contenido, se organizará en comunidades cuyos miembros comparten una visión similar del contenido y contribuirán a consolidar y viralizar el contenido hacia otros usuarios.

PANTALLAS, AUDIENCIAS Y USUARIOS

Uno de los conceptos que más ha cambiado desde la transformación digital de la comunicación es el de consumo mediático. El primer motivo tiene que ver con la noción de consumo. A pesar de que pueda parecer una paradoja, las fórmulas actuales de participación comunicativa han permitido a algunos

2. Aquí nos sirve de ejemplo el cine, pero este argumentario sería exactamente el mismo para un contenido televisivo, un videojuego, o cualquier otro contenido audiovisual.

consumidores ser usuarios de la comunicación. El segundo motivo tiene que ver con la noción de mediático. El media, es decir, el canal de comunicación convencional, es ahora infinitamente más flexible de lo que había sido. Es por ello que ya no podemos hablar de medios de comunicación, sino de espacios de comunicación, donde la relación entre emisores y receptores es mucho más variable, polifacética e imprevisible. La nuestra ya no es una sociedad de la escasez de contenidos, sino todo lo contrario. La sobreabundancia de información implica un nuevo contexto en el que pensar las relaciones comunicativas y las nuevas fórmulas de mediación entre usuarios y contenidos (Scolari, 2008).

Y no es sólo la abundancia de información, sino la abundancia de posibilidades de relación con ella la que define el entorno. Se da cada vez con mayor frecuencia un policonsumo de contenidos a los que se accede de forma simultánea y fragmentaria. La distracción es el elemento clave de esta aproximación, puesto que el acto reflexivo y consciente de pensar debería ser una actitud, en la medida de lo posible, voluntaria. La realidad en la que nos movemos desde hace ya varias décadas se halla disociada en dos: una inmediata, que es donde siguen viviendo nuestros cuerpos físicos y otra mediada, por donde ahora yerran nuestras conciencias distraídas. La psicología comienza a describir la situación. Internet, es decir, las formas de comunicación digital fomentan un pensamiento distraído y superficial (Llorca-Abad, 2015: 141).

> De igual modo que la obesidad física no es simplemente el resultado del exceso de comida, la obesidad informativa no sólo se debe a la sobrecarga de información, sino también a problemas de criterio o de habilidad mental en el consumo informativo, a la escasa calidad de la información que se recibe y a la costumbre de consumir la información antes de haber juzgado correctamente su valor; lo cual es más frecuente entre quienes más tiempo están conectados a las tecnologías digitales (Serrano-Puche, 2013: 164).

Los productores de contenidos deben de enfrentarse como pocos a esta situación. El visionado de un programa se combina cada vez más con el comentario a través de la red *whatsapp*. Es frecuente observar espectadores en una sala de cine que son incapaces de terminar la película sin consultar su perfil en *facebook*. Serrano-Puche (2017: 80) ha denominado a este proceso "socialización del consumo mediático". Estos y otros ejemplos se multiplican en la actual sociedad de la comunicación y más allá de una evaluación analítico-crítica de la situación, es imprescindible tratar de pensar en la repercusión que tiene sobre los contenidos audiovisuales, sin dejarnos tentar por el mantra del cualquier tiempo pasado fue mejor.

Tras un siglo de relación con pantallas fijas en una estancia de nuestro hogar, o en la pared de un cine, estas están ahora acomodadas en nuestros bolsillos o nuestras manos y nos acompañan en todo momento y en todo lugar. Como consecuencia, los contenidos fluyen de ellas sin terminar nunca. Esto constataría la superficialidad de nuestros comportamientos a la hora de, por ejemplo, registrar y publicar imágenes en las redes sociales o consumir, con un impulso cuasi pornográfico, cualquier clase de contenido. Por lo tanto, las nociones de mirada, interpretación, actividad o pasividad del receptor no encajan del todo en los espacios comunicativos digitales.

> Aunque la sobreabundancia de información es un fenómeno anterior a la popularización de Internet, es con el nuevo ecosistema digital cuando se hacen más patentes y complejos los retos y problemas que dicha realidad trae consigo. Además, gracias a la popularización de dispositivos móviles como *tablets* o *smartphones*, el acceso a la información –que tiene en la Red su principal ámbito de desarrollo– se produce de manera constante y ubicua (Serrano-Puche, 2017: 78).

El reto consiste en generar interés en un contexto de saturación comunicativa. Del mismo modo que los productores culturales del pasado supieron sacar rendimiento a los dispositivos tecnológicos, los gestores culturales de la actualidad estarán obligados a seguir un camino similar. Deberán tratar de fidelizar a la audiencia a través de la implementación de un plan con tres objetivos específicos: permitir a los usuarios descubrir el contenido, promoviendo una experiencia dialógica con él y articulando las condiciones para explorarlo en profundidad. Uno de los retos inherentes y transversales a esta propuesta consistiría en generar el significado a través de la innovación narrativa y de la explotación de los recursos que el propio contexto comunicativo proporciona y, de nuevo, lo transmediático se ofrece como una oportunidad.

> Los autores crean la extensión en las historias por diversos motivos. Por un lado, está la necesidad de buscar a un nuevo usuario que consume productos multiplataforma y, por otro, el interés por analizar las posibilidades de cada medio ya que el nuevo espectador tiene formación mediática y se divierte con la experiencia del consumo. También son notables los motivos

> económicos porque las audiencias están fragmentadas y es necesario desarrollar estrategias multiplataforma para acceder a los jóvenes espectadores que son los que consumen productos multiplataforma. Además de los creadores, los operadores de contenidos quieren conseguir audiencia en la mayor parte de sus plataformas con el mejor rendimiento económico (Formoso, 2015: 43-44).

De nuevo, observamos que son diferentes factores los que se dan cita. La tecnología sirve de contexto en el que se actualizan las relaciones entre los usuarios y los contenidos, con un trasfondo económico importante. Estas relaciones son el efecto y la causa de una batalla que aún no ha finalizado. En relación con la oportunidad que supone lo transmediático, Gordon y Lim (2016) repasan algunos ejemplos paradigmáticos que permiten tener un conocimiento más detallado de la situación:

> Cada uno de estos modelos es un ejemplo de una corporación probando nuevas formas de atraer a la audiencia y de atraerla no sólo para que compre *merchandising*, sino para que invierta en un artefacto cultural que supere su propósito comercial y se convierta en un fenómeno cultural (*Ibíd.*, 303).

A pesar de la aparente sencillez de los planteamientos, la realidad es dura y los cambios solo son sólidos cuando es la sociedad la que ha cambiado. Un ejemplo de la lentitud del proceso que se relaciona con el transmedia en España es el escaso interés demostrado por las diferentes teledifusoras y productoras de cine.[3] Este dato es indicador también del escaso grado de adaptación de la industria audiovisual española al contexto de la comunicación digital. Más allá del uso de internet como ventana para la difusión o promoción comercial, la expansión de lo narrativo queda aún relegada en la mayoría de las ocasiones a las pantallas convencionales (Lastra, 2016).

3. En junio de 2017 conocíamos la intención de Televisión Española TVE de producir la primera serie de carácter transmedia: http://www.rtve.es/television/20170628/rtve-aprueba-produccion-primera-serie-transmedia-interactiva-espana/1572551.shtml

CONCLUSIONES

A la vista de los temas desarrollados en este trabajo, no es fácil alcanzar unas conclusiones. Al menos no unas que tengan cierta pretensión de durabilidad. En este sentido, solo podemos adelantar la constatación de un cambio profundo en el modo en el que los usuarios de la comunicación se relacionan con los contenidos audiovisuales y que las películas, la televisión, o los mismos videojuegos dejaron de ser lo que eran hace solo un par de décadas. Los procesos de convergencia tecnológica-digital condicionan el modo en el que los usuarios las utilizan. Es el valor de la interacción lo que le añade valor al producto audiovisual.

Si bien las lógicas convencionales de la producción audiovisual no han desaparecido, es evidente que cada vez más están condicionadas por un tipo de espectador disperso, que reparte su atención entre diferentes pantallas. Esto supone un reto a la hora de concretar las nuevas narrativas, conducentes a la construcción de relatos que se esparcen a través de diferentes medios. Sin que esto suponga una limitación a la hora de debatir si se trata o no de una mejora, lo que parece emerger como evidente es la inevitabilidad del proceso. Los usuarios son más autónomos a la hora de elegir qué ven y, sobre todo, cómo lo ven.

El proceso de transformación se ha dado en un tiempo relativamente corto. Sin embargo, aún estamos lejos de poder afirmar que ha concluido. Lo que como investigadores nos interesa es la manera en la que los cambios han ido introduciéndose progresivamente y cuándo llegarán a alcanzar a toda la población. Los cambios sociales son lentos y la aparente velocidad con la que ha sucedido todo podría desviarnos del objetivo de comprenderlos en su totalidad. Mientras, parece necesario entender también la existencia de un componente generacional que no es desdeñable. La historia de la comunicación podría resumirse como la relación que la tecnología ha tenido con las necesidades humanas de intercambio y significación. En la primera fase de su desarrollo, el siglo XX supuso la culminación, en muchos aspectos, de dicha relación. El cine, la televisión y la radio, pero también la música, la literatura o la prensa escrita estuvieron bien (de)limitados por la tecnología que los hacía posibles. De momento, el siglo XXI audiovisual es, gracias a la digitalización, la confusión en un único espacio de todos los discursos.

BIBLIOGRAFÍA

ACUÑA, F. y CALOGUEREA, A. (2012), *Guía para la producción y distribución de contenidos transmedia para múltiples plataformas*, Pontificia Universidad Católica de Chile, Santiago de Chile.

BLUM, A. (2012), *Tubos*, Rocco LTDA, Rio de Janeiro.

CVNI (2017), *Cisco Visual Networking Index: Forecast and methodology, 2016-2021*, Cisco, <http://www.cisco.com/c/en/us/solutions/collateral/service-provider/visual-networking-index-vni/complete-white-paper-c11-481360.html#_Toc484531492>

COSTA, C. (2013), «Narrativas transmedia nativas: ventajas, elementos de la planificación de un proyecto audiovisual transmedia y estudio de caso», *Historia y Comunicación Social*, 8, especial diciembre, pp.561-574.

FORMOSA, M. J. (2015), «Los contenidos transmedia en la ficción de los canales generalistas en España», *AdComunica*, 10, pp.41-59.

GARCÍA, J. y HEREDERO, O. (2015), «Propuesta de un modelo genérico de análisis de la estructura de las narrativas transmedia», *Icono 14*, 13, pp.260-285.

GARCÍA GARCÍA, F. y RAJAS, M. [coords.]. (2011), *Narrativas audiovisuales: mediación y convergencia*, Madrid: Icono 14.

GARCÍA GARCÍA, F. y RAJAS, M. (2011b), «La era de las convergencias narrativas», en GARCÍA GARCÍA, F. y RAJAS, M. [coords.], *Narrativas audiovisuales: mediación y convergencia*, Madrid: Icono 14, pp.9-12.

GIFREU, A. (2013), *Pioneros de la tecnología digital*, Barcelona: UOC.

GIFREU, A. (2015), «Evolución del concepto de no ficción. Aproximación a tres formas de expresión narrativa», *Obra Digital*, febrero, 8, pp.14-39.

GORDON, I. y LIM, S. S. (2016), «Introduction to the special issue "Cultural industries and transmedia in a time of convergence: Modes of engagement and participation», *The Information Society, 32:5*, pp.305-305.

JENKINS, H. (2003), «Transmedia storytelling», *MIT Techology Review*, enero, <https://www.technologyreview.com/s/401760/transmedia-storytelling/>

JENKINS, H. (2008), *Cultura de la convergencia*, Barcelona: UOC.

LASTRA, A. (2016), «El poder del prosumidor. Identificación de sus necesidades y repercusión en la producción audiovisual transmedia», *Icono 14*, 14, pp.71-94.

LLORCA-ABAD, G. (2015), «Los contenidos audiovisuales transmediáticos ante los nuevos tipos de usuario», *Obra Digital*, febrero, 8, pp.137-154.

MORENO, I. (2011), «Cultura digital y sociedad relato AUDIO-visual», en GARCÍA

NIQUI, C (2014), *Los primeros 20 años de contenidos audiovisuales en Internet*, Barcelona: UOC.

PISCITELLI, A. (2009), *Internet: la imprenta del siglo XXI*, Barcelona: Gedisa.

PRATTEN, R. (2011), *Getting Started in Transmedia Storytelling: A Practical Guide for Beginners*, Boston: Conducttr.

RAE (2014), Real Academia Española. Diccionario de la lengua española (23.a ed.), <http://www.rae.es>

RYAN, M. L. (2016), «Transmedia narratology and transmedia storytelling», *Artnodes*, 18, pp.1-10.

SCOLARI, C. (2008), *Hipermediaciones*, Barcelona: Gedisa.

SCOLARI, C. (2013), *Narrativas transmedia*, Barcelona: Deusto.

SERRANO-PUCHE, Javier (2013), «Una propuesta de dieta digital: repensando el consumo mediático en la era de la hiperconectividad», *Fonseca, Journal of Communication*, 7, julio-diciembre, pp.156-175.

SERRANO-PUCHE, Javier (2017), «Metaanálisis del consumo digital en el ecosistema mediático contemporáneo: factores distintivos e implicaciones emocionales», *Revista Mediterránea de Comunicación*, 8, 1, pp.75-85.

TOGNAZZI, Alberto (2012), «Las transformaciones de los contenidos audiovisuales y la influencia de los dispositivos móviles en el nuevo escenario transmedia», *Anàlisi*, Monogràfic, pp.81-95.

Loz Brotherz Films, *paradigma del* cine narco *televisivo y uso de la memoria presente*

CARLOS BELMONTE GREY

Université d'Avignon
Universidad de Guadalajara-México

INTRODUCCIÓN

En enero del 2017 se cumplieron 10 años de la guerra contra el narcotráfico (se suele fechar el 11 de diciembre de 2006) y se contabilizaron 97 mil homicidios vinculados al crimen organizado. Más allá de los homicidios, apunta Eduardo Guerrero Gutiérrez en el número especial de la revista *Nexos* (enero 2017), «en varios estados se ha disparado la incidencia de otros delitos de alto impacto, en particular por la proliferación de mafias dedicadas a la extorsión de ciudadanos de a pie, de empresas e incluso de autoridades». Este fenómeno ha dado pie a la explosión de manifestaciones culturales y artísticas ligadas a la narcocultura[1], entre estas se incluye la revitalización de un género cinematográfico que se tenía en decadencia, el del cine narco.

La casa productora *Loz Brotherz Films* (*LBF*) es propiedad de los hermanos Oscar y Fabián López, quienes son productores, directores y actores de sus propias películas. Herederos de la antigua productora *Baja Films* enfocada principalmente a la distribución de filmes narcos para salas de cine y cineclubs, los hermanos López abandonaron esta arcaica práctica y trazaron una nueva estrategia de mercado: la venta de DVDs en una gigante cadena de tiendas departamentales en la costa del Pacífico californiano (mexicano y norteamericano) y una plataforma *online;* pero, desde el año 2016, declararon la muerte del DVD con sus contratos de producción destinados a la televisión. Su tema principal son las historias de narcotraficantes tomadas de los corridos del género.

Este texto quiere exponer el paradigma del cine serial destinado a la televisión y, por tanto, la ruptura con los clásicos esquemas de producción y distribución tanto de la cinematografía industrial como la de los telefilms. El

1.Ronaldo González Valdés describe narcocultura como «una híbrida construcción simbólica de la realidad que consagra a los narcotraficantes como héroes, líderes, jefes 'deseados' de un significativo grupo de la población» citado en VALENZUELA, J. (2009) «Sinaloa: El caleidoscopio del narcotráfico».

cine es en este caso producido y distribuido para televisión e internet, y matiza así la clásica acepción de cine como espectáculo público en salas multitudinarias[2] para insertarse, quizás forzado, al visionado televisivo y familiar.[3] Además, se expone el vínculo de estas manifestaciones culturales con la formación de una identidad cultural regional. Esta formación está relacionada con la migración de imágenes provenientes de distintos soportes discursivos (prensa escrita, blogs, televisión, crónicas, literatura) al cine de género y son parte de la memoria presente del espectador facilitando su identificación. Por tanto, el artículo está organizado en torno a los conceptos de cultura cinematográfica –es decir de aquello que sucede alrededor de la película y no solo en la película– y al de cine como *Medio* –determinado por transformaciones tecnológicas y por estrategias discursivas formuladas por modelos de representación condicionados por lo comercial e industrial y por la estética que dota la simbología para su uso social y legitimación cultural– (BENET, 2014). En este sentido, la producción de cine está destinada a la televisión bajo el formato serial pero sin ser episódica y el público comparte una memoria presente: esto es, la creación de imágenes mediatizadas que se han vuelto icónicas del fenómeno y relacionan la memoria presente con el acontecimiento (EBBRECHT-HARTMANN, 2015:33-34). El documento ha quedado divido en tres subapartados: el primero reconstruye someramente la historia de la productora; el segundo explica el paradigma de producción y distribución; y el último, a manera de conclusión, la importancia del género en la definición de la identidad regional. Por último, una precisión, este trabajo es el resultado de unas entrevistas realizadas a Oscar López –presidente de la compañía– en la ciudad de Zacatecas (México) en marzo del 2016 y los entrecomillados sin autor se refieren a ella.

2. El periodo de este trabajo coincide, en parte, con la emergencia de la llamada producción audiovisual participativa (2004-2008). Esta consiste en retomar, principalmente, las formas cinematográficas y utilizar el internet para elaborar guiones. Esta práctica queda desligada –o al menos eso se arguye– de las industrias tradicionales de producción y rehuir las licencias de uso y propiedad. Este sistema de producción se asume como una expresión que altera la cadena normal de la creación cinematográfica. ROIG TELO (2010): «Cambio y continuidad en el fenómeno de la autoproducción audiovisual: puntos de encuentro entre la industria de los media y la producción social de contenidos».

3. «La televisión, de este modo, sustituye al espectador clásico individual y sometido a un flujo fantasmático por un individuo socializado dentro de un colectivo muy concreto, la familia» (SÁNCHEZ-BIOSCA, 1989:15).

LA COMPAÑÍA: BAJA FILMS Y LOZ BROTHERZ [fig.1]

Fig. 1. Loz Brotherz de izquierda a derecha, Fabian y Oscar López. Culiacán vs Mazatlán

Los hermanos Oscar y Fabián López, propietarios de *Loz Brotherz Films* (*LBF*), son hijos de Delfino López, fundador de las compañías de distribución y producción de filmes –en formato Betacam y VHS– *Imperio Films* para México y *Baja Films* para Estados Unidos. El padre comenzó abriendo (Tijuana, 1986) diez cineclubs y, posteriormente, a partir de 1991 ante la crisis de producción nacional, fue introduciéndose a la producción –asociado a Sergio Goyri– de películas del género narco y acción. Los problemas para la sociedad empezaron con la crisis económica de México y el arranque efectivo de la Nueva Ley Cinematográfica concedida por el Tratado de Libre Comercio en 1994: por una parte, la devaluación del peso les afectaba porque sus deudas estaban en dólares, pero sus ventas en pesos mexicanos; y por la otra, el tiempo de pantalla se redujo por la liberalización del mercado, aunque sobrevivieron –en general las productores del género– gracias al videohome y a su transmisión por algunos canales latinos estadounidenses (YEHYA: 1995). Tuvieron que reducir sus presupuestos de aproximadamente medio millón de dólares a solo cien mil. Fue en este momento que deciden constituirse formalmente –crean Imperio y Baja Films– y se orientan definitivamente a la producción del narcocine, cuya primera cinta fue *La Clave 7* (1998). Con esta producción revivieron el género recuperando a los emblemáticos actores Mario y Fernando Almada quienes estuvieron, a la vez, apoyados por los jóvenes Goyri y Sebastián Ligarde. Comenzaron, entonces, a desarrollar la estrategia que posteriormente abastecería a los propios *LBF*: la adaptación de corridos de las estrellas musicales del género de la época, Chalino Sánchez y Los Tigres del Norte.

Para el año 2004 la empresa estaba cerca de la bancarrota pues el público de las cintas de Delfino, que rondaba entre los 60 y 90 años de edad, estaba acostumbrado a los clásicos cineclubs y a las salas de cine, sin embargo, estas iban cerrando o quedaban confinadas a programas de clásicos del cine nacional o hollywoodense y sus películas alcanzaban apenas las mil copias. En este momento los hermanos López deciden recuperar la empresa y darle un vuelco generacional buscando llegar al púbico veinteañero. Fundan, en 2009, *Loz Brotherz films* cuya primera película fue *La última sombra* (2009) y desaparece la productora de su padre. Es el esplendor de la narcocultura y el Movimiento Alterado está en pleno crecimiento: se dejan atrás los corridos épicos de textos "morales" y se vuelven más violentos y explícitos.[4]

NUEVO PARADIGMA: DE LA PANTALLA CINEMATOGRÁFICA AL ATRACÓN DEL NARCO-POP TELEVISIVO

Desde su fundación en el 2009, *LBF* había producido unas 10 películas por año, eso hasta mediados del año 2015 cuando su estrategia de distribución se consolidó y pasaron completamente del formato DVD al cine para televisión e internet. En este año consiguen, de la televisora Cine Mexicano[5], un contrato para producir dos películas por mes durante un año. El contrato se terminó en julio del 2016, pero el éxito les llevó a firmar uno nuevo, a partir de agosto, ahora de mayor amplitud: cuatro películas mensuales durante cinco años, según quedó propuesto al inicio, aunque finalmente se modificó para combinar las películas con el rodaje de una serie.

4. Un análisis detallado de la música y los principios del Movimiento Alterado se puede consultar en KARAM CÁRDENAS, T. (2013): "Mecanismos discursivos en los corridos mexicanos de presentación del 'Movimiento Alterado'".
5. El canal Cinemexicano está presente en una decena de proveedores de televisión de paga. La carta de presentación en su portal youtube es un fotograma de una película de *Loz Brotherz*. Las películas aparecen bajo las rúbricas Miércoles de Corridos y Viernes de Rancheras. Visto 8 de febrero 2017.
https://www.youtube.com/user/cinemexicanotv

Empieza entonces la puesta en marcha de una "maquiladora" de películas de cine narco. Oscar López, presidente de *LBF*, organiza dos unidades de rodaje paralelo con tecnología en resolución 4k, dos equipos de edición y un equipo de cuatro actores principales que se distribuyen en dos para cada película. Las locaciones son doblemente explotadas para rodar las dos cintas simultáneamente con apenas unos días de diferencia: para evitar el riesgo de uniformidad, confusión de las tramas y de historias amorfas, cada película se sitúa en contextos diferentes, por ejemplo, una sucede en la selva colombiana y otra en la ciudad de Mazatlán. Terminada de rodar, se pasa el material a uno de los equipos de edición que tiene ocho días para terminarla, el tiempo de terminar la otra que luego será recibida por el segundo equipo de edición. Luego Oscar les da la última revisión antes de considerarla terminada. Además, para delegar trabajo de dirección ha contratado a otros directores que le ayudan con alguna de las películas. En cuanto al abastecimiento de guiones, *LBF* han acudido a la biblioteca y filmoteca de su padre, para adaptar guiones que nunca filmó o renovar las versiones (por ejemplo, *El Aguila Blanca* 2008), y por supuesto escribiendo historias a partir de los corridos y acontecimientos más actuales [fig. 2].

Fig. 2. Cine narco. Cara a la muerte

El sistema de producción seriada solo puede ser explicable gracias a un esquema igualmente eficiente de distribución que se limita, simplemente, a que las películas están realizadas por pedido y, por tanto, vendidas en su totalidad por adelantado. *LBF* comenzaron a buscar canales de distribución al momento de sentir el cierre de las formas tradicionales de visionado. Optaron por abandonar esa «arcaica» distribución y se centraron en la venta de DVDs directamente en las tiendas departamentales Wal-Mart y Target de las costas californianas y en su plataforma de internet. «La muerte del DVD –consolidada en 2016-», sentenció Oscar López, les llevó a buscar los contratos con televisoras latinas en Estados Unidos. Las cadenas *Cine Mexicano, Cine Latino*[6] y *Cinema Dinamita*[7] (la primera solo de difusión norteamericana y las otras se extienden a algunos países sudamericanos) se interesan por el género y deciden comprar los derechos mundiales de casi toda la producción.

De esta manera, su producción «entierra al DVD tradicional» y asegura al productor beneficios económicos. Cada cinta suele costar en promedio 10 mil dólares, aunque algunas como *El de los lentes carrera* pueden irse a los 40 mil, y se venden con un beneficio de cuando menos el 100 %, «sino no es negocio» afirma el productor. Esta estrategia de venta por adelantado estuvo un tiempo compartiendo distribución con los arcaicos DVDs en las tiendas mencionadas: el caso de *Chuy y Mauricio* (2005), la primera cinta producida por Oscar López, vendió durante el primer mes un millón de copias y al cabo del tercero ya tenía 2.5 millones vendidas; le sigue *El de los lentes carrera* (2014) con 900 mil vendidas el primer mes pero no alcanzó las cifras de la anterior debido al desarrollo de las plataformas de internet, mas no por eso tuvieron pérdidas, porque al ser colgada en *youtube* tuvo en dos meses 2.5 millones de vistas hasta que la tumbaron, aun así Netflix se las compró por 2.500 dólares.

Este sistema de distribución y venta tiene en México, sin embargo, ciertas fronteras y límites. Las películas de *LBF* no tienen distribución formal en México, o no al interior del país, y su visualización se centra en la región norte, principalmente en Tijuana por una especie de efecto socializante: los

6. Distribuida por más de 20 proveedores de televisión de paga en EUA, Cine Latino incluye en su catálogo películas de narco, bajo la rúbrica de Acción, aunque en menor cantidad que las otras dos televisoras. http://www.cinelatino.com/usa/peliculas/?genero=accion

7. Entre otros proveedores de televisión de paga, el canal es parte de la red Xfinity TV. En su catálogo de películas *Loz Brotherz* se ubican en la sección de Acción-Aventura. http://tvgo.xfinity.com/tv-networks
Cinema-Dinamita-MX/7213807914638571105/main

llamados de extras, de camionetas y locaciones, son públicos y hacen que la gente participe en las producciones. Al interior de país son conocidos solo por referencias que los migrantes mexicanos hacen de las películas a sus familiares y estos, a su vez, consiguen algunas libres de derechos en el ciberespacio. Por otra parte, las grandes empresas distribuidoras mexicanas se niegan a adquirir estas películas por considerarlas un negocio riesgoso. Solo la televisora PCTV se ha interesado por algunos títulos mismo que no ha proyectado. Los puntos de venta en las tiendas departamentales, Wal-Mart del lado mexicano, no funcionan porque no es la compra de DVDs muy accesible a su público: mientras que en EUA cuesta 5 dólares, en México sale en 120 pesos, casi dos salarios mínimos. Esto genera una censura no oficial pero sí explicita, porque se las considera películas ligadas y promotoras del narco. Además de lo anterior, dos razones se suman al desinterés de la compañía por buscar distribución nacional: tratan de evitar ataques personales y profesionales hechos por funcionarios y periodistas, y buscan reducir la continua vigilancia de la policía Federal y del Ejército Nacional.

Oscar López argumenta que la razón principal del éxito de sus películas está en haber conseguido marcar el cambio generacional, en haber entrado con el Movimiento Alterado y en haber creado películas más «cuidadas»: *Chuy y Mauricio* (2005) es la iniciadora de todo esto. Si el público de su padre tenía en promedio más de 60 años de edad, el suyo va desde niños de cinco años hasta jóvenes de 25 y se localiza principalmente en el chicano y fronterizo. Él ha dirigido 40 de las 60 películas de la compañía en los últimos seis años y es el actor principal de la mayoría de ellas, copando un 80% del tiempo en escena –cifras dadas por él mismo–. Sabe que no es un cine de «autor» lo que él hace y por eso mismo ha simplificado las tramas que durante la época de su padre tenían tres o cuatro historias con otros tantos personajes principales: sus películas son tramas que van de un punto A a uno B a través de un solo personaje principal, aunque nunca tienen un final conclusivo porque sus historias mantienen coherencia con la actual guerra del narco –historias sin fin–.

Si quisiéramos integrar sus películas en alguno de los géneros cinematográficos sería complicado encasillarlas –exclusivamente– en el de mafiosos, policiales, narcos o *thrillers*, valdría más clasificarlas de *narco-pop* gracias a la consolidación de su *starsystem*. Sus historias parten de la adaptación de un corrido (estrategia ya utilizada por el género de mafiosos y narcos en México), pero ellos han adaptado solo aquellos que, según el compositor de narcorridos Geovani Cabrera (*El de los lentes carrera*), «tienen una historia que contar» con un poco de fantasía «sin ofender a nadie, sin decir que mochamos cabezas ni nada de esas tonterías que están de más» (AGUILERA, 2014). Las películas, por tanto, no abusan de la violencia –la sangre está poco presente a pesar de las balaceras–, ni de groserías, ni del sexo –no hay desnudos–, en fin, evitan el choque visual. Oscar López lo explicó con una analogía personal: «una [película] de las de los otros no se la enseñaría a mi hija, si las mías a veces no se las enseño, las de los otros no, nada, porque son 3X». En este sentido, el narcopop de *LBF* mantiene continuidades con el anterior cine narco de 1990 de los hermanos Almada: censura ante la sexualidad, respeto por los valores policiales bien que haya corrupción siempre hay honor y patriotismo, referencias a historias reconocibles y gusto por la violencia (YEHYA: 1995).

Resulta evidente que este esquema de producción seriada no difiere del proceso de producción serial de la industria hollywoodense, bien al contrario, comparte las características del cine industrial con la diferencia que este está destinado a la televisión. Los telefilms, que fueron durante un tiempo tomados como películas en pequeño y etiquetadas de series B adoptaron estrategias narrativas propias al soporte al que estaban destinadas: la transparencia del relato por *raccords*; una retórica funcional sobre primeros planos, cámara fija y relegado de profundidad del plano; y en el aspecto discursivo se hicieron recurrentes ciertas estructuras de personajes y evitaron la atomización de caracteres e historias para hacer más digerible y accesible la historia al espectador (SÁNCHEZ-BIOSCA, 1989:12-15). Estas convenciones son redundantes en *LBF* aunque algunas de ellas han quedado superadas por la exhibición de recursos técnicos como el uso de largas secuencias y segundos planos por cámaras en movimiento y drones que aseguran mayor espectacularidad. Veamos a continuación cuatro elementos del estilo de este nuevo cine narco Pop:

Las secuencias de acción –balaceras y persecuciones– [fig. 3] son trabajadas con efectos especiales y planeados los movimientos de actores y extras, lo que permite situar cámaras para captar las imágenes previstas. Los actores respetan sus itinerarios en los platós, los extras salen, entran y mueren donde se les indica. Las explosiones son

> muchas y de la nada, no importa de donde vengan, no justifico cada cosa que pasa en la pantalla porque puede venir del fuera de cuadro... las balaceras reales no son tan bonitas como las mías. No son espectaculares. Ellos se están en una esquinita, ahí tirados, por dos o tres horas hasta que se matan. No son cinematográficas, en cambio las mías son inmediatas, de dos minutos y con un desenlace.

La música tiene un papel primordial por el cabalgamiento del narcocorrido con el pop-electrónico y la clásica; se combina un corrido de los Cane-

Fig. 3. Balaceras. *Culiacán vs Mazatlán 2*

los de Durango y en seguida una banda de Moby. El corrido funciona de cebo comercial, es el gancho para identificar la historia y es el recurso retardador para alargar el tiempo de la película. Mientras que la música electrónica y clásica son útiles para dar un efecto audiovisual: «El audio me ayuda a mejorar lo visual. Música de compas lento para llegar a las emociones. Por eso no hay solo banda ni narcocorridos».

La vestimenta también se ha actualizado [fig. 4]. El típico narco con botas y sombrero ha sido suplantado por el narco de traje hecho a la medida: «no es lo mismo ver a cinco cabrones de traje, que a unos con botas y sombrero

Fig. 4. Estética. El de los lentes carrera

que se siguen viendo más salvajes, es como regresar a los indios y vaqueros». El traje funciona para enlazar las imágenes del poder actual, «Para mí, un narcotraficante es un símbolo de poder. Bien o mal es un símbolo de poder. Por eso me gusta que salgan de traje, bien vestidos... Por eso les tapo la cara a veces, por el simbolismo del poder...». Es evidente que la estética del narcotraficante de los 1980 no correspondía con las ambiciones del género, bien que esto sea más bien una licencia de la ficción que una coherencia con la visión de la realidad periodística cotidiana.

Por último, el acercamiento a la intimidad del mundo narco. Los corridos pueden referirse o no a hechos reales, lo mismo que los héroes, pero siempre hay menciones a jefes de plazas, sicarios o líderes de cárteles que atraviesan las historias, en este sentido sus personajes narcos no son reales pero sí buscan en su grupo de actores similitudes a las fisonomías reales facilitando la identificación del público. Si los supuestos códigos de honor entre los narcotraficantes se han visto rotos durante estos diez años de guerra en México, el narcopop ha mantenido esta cadencia de introducirse en la intimidad de las familias. Su vida imaginada a partir de las leyendas y las noticias queda expuesta y, por tanto, el espectador es testigo de la humanidad de estas figuras noticiosas, públicas y ahora mediatizadas. Los agentes del gobierno, en contraparte, no tienen el mismo tratamiento; este grupo de personajes interesa menos porque se evita tocar temas oficiales que provoquen problemas de censura. Al acercarse a la intimidad del narco busca también enfocarse en la importancia de la muerte, tema, por supuesto, central en sus historias. Mostrar cómo una simple balacera puede ser «la guerra mundial del personaje» y exponerla al público sin, forzosamente, glorificar ni la muerte ni el tiroteo. Aunque justamente uno de los valores y atractivos de las películas y, sobre todo, de los telefilms y teleseries es la espectacularidad de las escenas de acción y violencia.

Para *LBF*, antes que ser directores son productores. Para ellos el tema del narcotráfico es solo una fuente de inspiración para crear su producto comercial. Sus películas son dramas llenos de acción que reflejan la cultura superficial de México y muestran algo de lo que mucha gente prefiere no hablar. Las imágenes de violencia y dolor humano persistentes quedan desvinculadas del sufrimiento y migran hacía el registro de la espectacularidad de las series policiales. A diferencia de otras compañías productoras, como *Ola Estudios*, el narco-pop se asume en tanto un género cinematográfico que respeta la profesionalidad de la industria. Son productos que de ninguna manera forman narcos –aunque sí públicos– «porque si esto fuera así quiere decir que es muy fácil manipular a una persona, en 90 minutos puedes hacer cambiar la educación, si esto es así es muy débil entonces la persona». De esta forma, se desmarcan de las voces críticas que insisten en señalar y crear historias de jóvenes deslumbrados por el prestigio de camionetas, armas y rivalidades entre grupos de narcos, «formula demasiado familiar como para retar a la imaginación» sentencia Roberto Pliego (2017).

Es evidente que, por la naturaleza de la temática, las cintas no escapan al enaltecimiento del poder, bien que traten al mismo tiempo de matizarlo. Pero es que en la realidad el narco es un gusto por el poder tal como lo mostró el Movimiento Alterado en su estética (botas picudas y larguísimas, de camisas brillosas y de collares y rosarios de oro). El Movimiento está menos presente y ahora se trata de mostrar el lado trágico de ese mundo. El narcocine de hace 10 años se ha quedado ya obsoleto lo mismo que los corridos de Los Tigres del Norte y Chalino Sánchez. El género actualizado es un narcopop que sigue formando cultura narco.

LA MEMORIA PRESENTE NACIONAL Y LA IDENTIDAD CULTURAL DE LA REGIÓN

Por lo anterior, se puede entender que la cuestión del público objetivo (*target*) y las modificaciones de lo audiovisual están latentes. Esta situación plantea otro problema, el de la formación de las identidades culturales. La profesora Larisa Veloz (Universidad de Texas en El Paso) lanzó una serie de preguntas –aquí resumidas–, desde la historiografía fronteriza, durante la conferencia de cierre del coloquio Historia de la Frontera (febrero del 2017): ¿cómo se siente ser un *borderline*?; ¿qué es crear y adaptarse a la vida en la frontera?; ¿de qué manera los *cultural brokers* la construyen (las radios, los sindicatos de mujeres, etc.)? y, entre otras más, ¿hay una identidad transcultural en la frontera? Esta última la desarrolló a manera de reacción por el tratamiento que algunos ponentes (incluido quien esto escribe) habían hecho de la identidad fronteriza. Veloz y los investigadores se referían concretamente al asunto de porqué se abordaba la identidad contemporánea de la frontera como desligada de los imaginarios nacionales de ambos países y se les colocaba en un frasco de identidad especial. Y es que justamente los *cultural brokers* (entendidos como aquellos mediadores culturales que facilitan el paso de una persona o grupo de personas de una cultura a otra) fronterizos han insistido en subrayar la situación especial de los pobladores fronterizos, divididos por un doble sentimiento nacional concretizado en familias que han quedado dividas por la frontera política durante los años en que estas se volvieron rígidas.

El cine narco, lo mismo que la literatura narco[8], han ubicado sus tramas en los territorios norteños, específicamente en los estados de Sinaloa, Baja California Norte, Chihuahua y Tamaulipas.[9] Y sin ser *cultural brokers* sino simplemente productos culturales, estas expresiones culturales han servido para delinear los trazos de la cultura narco y fronteriza. Estos textos, literarios y fílmicos, muestran los rasgos de una regionalidad y cultura que se expone como una amenaza o, mejor dicho, una alternativa al nacionalismo centralizado mexicano. Pensamos que consolidan una identidad cultural que trasciende las fronteras políticas y los principios de nacionalidad. El cine es, en este espacio, una concreción en imágenes y un acercamiento de personajes que forman parte de la cotidianidad y de los mitos urbanos contemporáneos. Es evidente que la producción de *LBF* y de otras productoras del género aprovechan –recuperando la cita que Maricruz Castro Ricalde (2005:572-573) hace de Martine Joly– el recurso de la «tentación icónica» cuya funcionalidad consiste en recuperar imágenes que facilitan en el espectador la formulación de analogías y el reconocimiento de ciertos objetos con el mundo del narcotráfico. Desafío o amenaza, sería más pertinente definir la regionalidad en términos de la propuesta de Miriam Bratu Hansen (1996: 293-306) al referirnos a la puesta en evidencia de públicos nacionales cuyas interpretaciones de la nación, a pesar de compartir referencias simbólicas, incorporan elementos del entorno popular. Justamente a esto nos referimos con una identidad cultural: al momento en que se vuelve a poner en discusión la alta y baja cultura, el modernismo contra la cultura de masas y la legitimidad de la representación de esta última en los discursos nacionalistas.

Se trata de una identidad que supera los límites de la memoria nacional y evidencia otro tipo de público. En este sentido el ejercicio de transtextualidad[10] realizado por la compañía López, recuperando la iconografía fílmica y la fotografía periodística, ha cristalizado en la actualización de la identidad nacional. La industria cultural es capaz de formar imaginarios a través de motivos narrativos y modelos musicales que permanecen como referente regional. No es necesario que toda la población se juzgue participe de la cultura –al

8. Para un panorama de la narcoliteratura desde 1990 se puede ver PLIEGO, R. (2017): «Las novelas que el narco ha dejado», *Nexos,* nº 469, enero.
9. Por citar un par de ejemplos, el título mismo de la trilogía *Culiacán vs Mazatlán* (Oscar López, 2012-2015). O la apertura de *Javier de los Llanos* (Oscar López, 2016), con la narración en *off* de la captura del capo en Sinaloa 2001.
10. Ver el análisis detallado del proceso de la tranxtextualidad en EBBRECHT-HARTMANN (2015).

contrario, la reniega– sino que gracias al fenómeno se genera una identidad imaginaria y una memoria común de fenómenos localizados en territorios precisos. Y vuelvo al documento de Benet, el *estilo cinematográfico* no queda reducido a la dimensión puramente estética, sino que este estilo ofrece síntomas e indicadores del contexto social inmediato, a partir de ahí, la tarea del historiador cultural es

> evaluar las soluciones adoptadas, comprender el funcionamiento de las fórmulas de éxito y de las descartadas, sopesar las razones por las que determinados modelos de representación cinematográfica acaban por convertirse en hegemónicos y otros no, entender qué tipos de íconos y discursos son más emblemáticos de ese momento, prestar atención también, claro está, a los modelos que perviven, aunque sea en circuitos secundarios o marginales.

Fig. 5. El poder. *Culicán vs Mazatlán 2*

Loz Brotherz films son, pues, parte de la convergencia audiovisual contemporánea: transitaron de los videoclubs al internet y a la televisión pasando por la distribución y muerte del Dvd. Son una productora sin derechos de difusión de sus propios productos, con ganancias aseguradas gracias a la maquila seriada de películas vendidas por adelantado [fig. 5]. La piratería física y virtual no les afecta, bien al contrario, les da publicidad. Con el tema del narcotráfico han conseguido lo que hasta entonces las otras productoras no habían logrado: consolidar un *starsystem* de actores y reformular el género del narcocine por un narco-pop. El *starsystem* está soportado por el acontecer cotidiano, fotografiado por la prensa local y nacional, y por la música grupera y norteña. Una violenta cotidianidad reducida al entretenimiento de la ficción. Esta cinematografía requiere de trabajos que profundicen en su recepción y permitan mostrar los síntomas de una identidad regional que podría desplazar o matizar el discurso hegemónico y el estereotipo del mexicano "charro cantor".

BIBLIOGRAFÍA

AGUILERA, T. (2014), «Geovani Cabrera el compositor que logró lo impensable», *Radionotas*, 11 septiembre. http://radionotas.com/geovani-cabrera-el-compositor-que-logro-lo-impensable/

BENET, V. (2014), «Mutaciones del cine: La historia cultural y las imágenes supervivientes», en *V Coloquio Internacional Cine Iberoamericano Contemporáneo*, Guadalajara.

BRATU HANSEN, M. (1996), «Schindler's List Is Not Shoah: The Second Commandment, Popular Modernism and Public Memory», *Critical Inquiry*, 22, pp.292-312.

CASTRO RICALDE, M. (2005), «'no olvides, no olvides': La construcción de la memoria en el otro sueño americano e Enrique Arroyo (2004)», *Revista Iberoamericana*, vol. LXXXI, no. 251, abril-junio, pp.569-581.

EBBRECHT-HARTMANN, T. (2015), «Preserving Memory or Fabricating the Past? How Films Constitute Cinematic Archives of the Holocaust», in CATI, A. and SANCHEZ-BIOSCA, V. (eds.), "Archives in Human Pain. Circulation, Persistence, Migration", *Cinéma & Cie. International Film Studies Journal,* vol. XV, nº 24, pp.33-47.

GUERRERO GUTIÉRREZ, E. (2017), «Un decenio de violencia», *Nexos,* nº 469, enero. http://www.nexos.com.mx/?cat=3374

KARAM CÁRDENAS, T. (2013), «Mecanismos discursivos en los corridos mexicanos de presentación del 'Movimiento Alterado'», Anagramas-Universidad de Medellín, vol. 12, núm. 23, pp.21-42.

PLIEGO, R. (2017), «Las novelas que el narco ha dejado», *Nexos,* nº 469, enero. http://www.nexos.com.mx/?p=30830

ROIG TELO, A. (2010), «Cambio y continuidad en el fenómeno de la autoproducción audiovisual: puntos de encuentro entre la industria de los media y la producción social de contenidos», en *Comunicación y desarrollo en la era digital.*

SÁNCHEZ-BIOSCA, V. (1989), «En alas de la danza: Miami Vice y el relato terminal"», en JIMÉNEZ LOSANTOS, E. *et. al., El relato electrónico edición a cargo*, Filmoteca de la Generalitat Valenciana, pp.11-33.

VALENZUELA, J. (2009), «Sinaloa: El caleidoscopio del narcotráfico», *Nexos*, diciembre.

VELOZ, L. (2017), *Wrap up* in *Borderlands History Conference*, El Paso, UTEP, 10-12 February.

YEHYA, N. (1995), «El narcocine», *Nexos*, nº 214, octubre.

Entrevista

BELMONTE, Carlos Belmonte (2016), *Entrevista con Oscar López*, Universidad Autónoma de Zacatecas, marzo.

La ciudad y sus emergencias: el caso de la Metromuster, productora de los documentales *NO-RES* y *Ciutat Morta*

LAURA GRIFOL-ISELY

Université de Franche-Comté

¿Qué duda cabe de la progresiva desaparición y transformación de las salas de cine durante las últimas décadas? Todos los datos parecen apuntar hacia un proceso de disminución de salas, sobre todo de cines de barrio, lo que implica que se han ido produciendo profundos cambios en el consumo de bienes culturales como el cine, de fuertes implicaciones para su creación, producción y distribución. Dicho proceso de desaparición parece estar ya tan arraigado en la época contemporánea que ha llevado a caracterizarla con la acertada expresión de un «después del cine» (Ángel Quintana, 2011).

Ahora bien, basándonos tanto en algunas de las observaciones y conclusiones a las que llega el citado autor, así como en algunos de los ámbitos de reflexión propuestos para la confección del presente volumen, nos ha parecido pertinente plantear la posibilidad de un camino de vuelta *hacia el cine,* o al menos hacia un cine que parece adoptar como suya una de las salidas vislumbradas por el autor citado al apostar por un cine de la «alteridad» capaz de contribuir desde su «función» como cine alternativo «a la recuperación de esa imagen del mundo que el exceso de imágenes insignificantes y de discursos audiovisuales formateados ha difuminado» (Quintana, 2011). En este sentido, el estudio de un caso como el de la productora Metromuster nos parece particularmente interesante a la hora de observar cómo ha ido emergiendo uno de los modos de resistencia a una *muerte anunciada* más sugestivos de estos comienzos de siglo XXI.

La cuestión a la que intentaremos responder es: ¿Se ha producido realmente una pérdida de centralidad absoluta del cine como actividad de ocio colectiva o más bien cabría hablar de un cambio en la concepción misma de centralidad, así como en la praxis que una posible ampliación de su sentido podría conllevar? Lo que nos lleva a plantearnos el siguiente interrogante: ¿La era digital está terminando realmente con el cine o más bien creadores y público están encontrando en ella nuevos usos y generando nuevas prácticas en el campo cinematográfico?

Con el objetivo de abordar algunas pistas de análisis, nos detendremos especialmente en una de las producciones de Metromuster de mayor impacto, *Ciutat Morta* (2014), por parecernos que es en ella y a través de ella como mejor se comprende que a pesar de todo el cine no ha perdido su vigencia, aunque sí ha sufrido un cambio de tipología en lo que se refiere a la noción de centralidad, pasando de una frecuentación continuada a una frecuentación esporádica, del hábito al evento, de la reiteración al instante excepcional, de una centralidad espacial a una centralidad simbólica, del espectáculo a la praxis, aunque manteniendo siempre su centralidad emotiva. Como prolegómeno a lo que consideramos como un verdadero manifiesto de esta renovada actitud que se perfila frente y para con el cine, el documental *NO-RES* (2012) contenía ya algunos de los elementos cuyo asentamiento resultará palpable en futuras creaciones. Por fin, trataremos de probar que se ha producido una reapropiación del contenido sacro –en el sentido en que Mircea Elíade articulaba la dialéctica entre *Lo sagrado y lo profano* (1965)– del cine como acto ritual de convergencia de un grupo.

Productos de la ciudad, rodadas en ella, y en cierto sentido por y para ella, la producción de *NO-RES* y *Ciutat Morta* parece completamente ligada a la emergencia de nuevas configuraciones sociopolíticas de compromiso y de protesta que encontraron un cauce de acción y expresión conjunta en los movimientos del 15-M, en los que la ocupación masiva del espacio urbano (en el caso que aquí concierne, Barcelona) jugó un papel preponderante. De ahí pues el primer componente del título de este artículo: *La ciudad y sus emergencias.*

CRÓNICAS DE UNA MUERTE ANUNCIADA ¿DEL CINE?, ¿DE TODA UNA ÉPOCA?

Tanto si nos atenemos a los datos cuantitativos facilitados por el Ministerio de Educación, Cultura y Deporte para el conjunto del territorio español, como si, siguiendo métodos cualitativos, centramos nuestra atención en algunas representaciones cinematográficas, todo parece vaticinar un fin aciago para las salas de cine de barrio, incluso en grandes ciudades como Barcelona. Con el objetivo de ilustrar dichos propósitos, véase la figura 1, en la que presentamos un gráfico de la evolución del número de salas de cine en la provincia de Barcelona [fig. 1]. Véase también la figura 2, imagen que fue sacada de la película *Los últimos días* (Alex y David Pastor, 2013), película de ficción en cuya narración se incluye el motivo meta-cinematográfico del cierre de una sala de la Vía Layetana, situada en pleno centro de la ciudad [fig. 2]. Distintas fuentes insisten en este proceso declarado a la vez como fatídico e irreversible. Si además se tiene en cuenta el paulatino cambio cualitativo desde los «cines de sala única», mayoritariamente «ubicados en las zonas céntricas de las grandes ciudades» hacia los cines «multisala situados en las áreas comerciales de

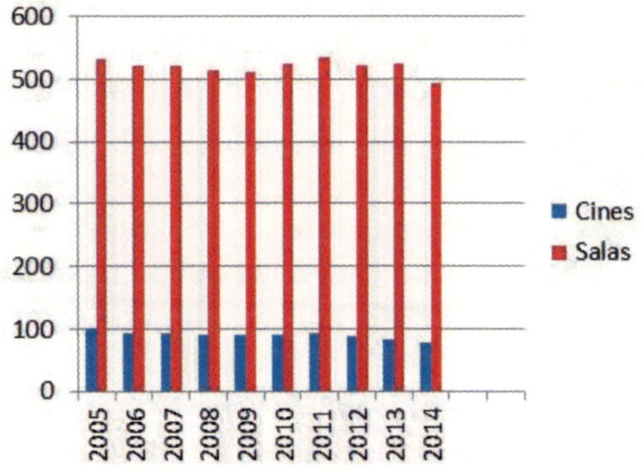

Figura 1: Evolución cines y salas de exhibición en la provincia de Barcelona
Cines: 100 (2005), 93 (2006-07), 91 (2008-09), 90 (2010), 92 (2011), 87 (2012), 82 (2013) y 78 (2014).
Salas (mismo orden): 533, 521, 522, 513, 511, 523, 535, 522, 523 y 492.

Elaboración propia. Fuente: Ministerio de Educación, Cultura y Deporte. Anuario de Estadísticas culturales 2005-2016, Cine y video.

Fig. 1. Estadísticas evolución salas de cine

Fig. 2. Cine moribundo

la periferia» (Jessica Izquierdo, 2007: 422), la pérdida de centralidad se impone como un dato obvio. Todo parece indicar que asistimos a una desaparición progresiva de esos grandes palacios del visionado del centro ciudad como espacios de sociabilidad.

Fijémonos en los interrogantes que plantea la mostración de un mundo en peligro de extinción (metonimia por contigüidad entre la muerte anunciada del personaje sentado en la butaca y la del espacio circundante), de la urgencia de una pérdida inminente sellada por un destino aciago, y a pesar de todo todavía elocuente (la toma oblicua y el encuadre ponen de relieve el vacío de las butacas) para un público cuya vida e imaginario se han ido construyendo en torno al acto de visionado compartido en una sala de cine, sin duda uno de los rituales de reconstitución familiar y colectiva más populares desde la irrupción del cinematógrafo durante el siglo XX.

Ahora bien, si las salas de cine a las que estábamos habituados van desapareciendo o transformándose en esos supermercados del cine cuya fuerza centrípeta parece ir arrasando con aquellos pequeños islotes de la diversidad y la dispersión –cultural y geográficamente hablando– que han venido siendo las salas de cine y especialmente los cines de arte y ensayo, justo sería preguntarse si el habitáculo perdido termina completamente con los comportamientos sociales que dichos espacios albergaban o si estos modos están desviando su acción y operando un desplazamiento hacia otros lugares u otros ritmos, y generando nuevas soberanías de ocupación espacial y empoderamiento a través del cine. El presente artículo intentará mostrar que una parte de aquello que se va perdiendo va siendo recuperado por las nuevas generaciones, probablemente cinéfilas de manera global, al haber nacido con la normalización del cine como presencia cotidiana y en gran parte reguladora de nuestras vidas. Generaciones cinéfilas que han integrado el cine completamente a sus *hábitos*[1] de vida aunque dichos hábitos no revistan las mismas formas. Intentaremos mostrar, a partir del ejemplo de la productora Metromuster, que el camino de ida iniciado por esos dinosaurios cinematográficos en vías de desaparición se prolonga en otro de vuelta que, sin describir un círculo completo, desemboca en la apertura de espacios cinéfilos alternativos bajo el impulso de nuevas emergencias ciudadanas y el desarrollo tecnológico.

1. Hablamos aquí de *hábitos* en el sentido kaufmanniano (2001) del término, en tanto que acciones a través de las cuales el individuo interioriza modos de acción socialmente compartidos, pero sin que ello implique la adopción de modos de acción completamente rígidos que impidan concebir la identidad como proceso.

METROMUSTER, PRODUCTORA DE CINE INDEPENDIENTE: DIGITALIZANDO ACTIVISMO

1. Orígenes y constitución

«Metromuster» fue inicialmente el nombre bajo el cual Xavier Artigas, joven sociólogo y cineasta, agrupó algunas de sus piezas realizadas entre 2003 y 2005, para pasar a convertirse muy pronto en el nombre de una productora de cine independiente que se instala en Barcelona. Tras algunos tanteos, se convierte en sociedad limitada en 2010. En 2011, con las acampadas del 15M en la plaza de Cataluña y las manifestaciones de los indignados, cobra cuerpo y se organiza en torno a una serie de reivindicaciones expuestas programáticamente por el grupo recién constituido. Junto con Xapo Ortega, junto a tres jóvenes más que con el tiempo confirmarán su presencia en el grupo, la productora inicia su andadura para convertirse en uno de los puntales contemporáneos de la creación documental de un cine de investigación comprometido. En 2015 inició un proceso de transformación que la llevó a convertirse en cooperativa.

Perfectamente integrada en el paisaje urbano de la ciudad de Barcelona, Metromuster adquiere presencia física en torno a un local que hoy se sitúa en la calle del Profeta, en pleno barrio de Gracia. Pero la presencia de Metromuster va mucho más allá a través de la web, que actúa a la vez como portal de transparencia, medio de comunicación, difusión y distribución de su trabajo. Adhiriendo perfectamente a la era digital, los miembros del grupo utilizan todos los medios que ponen a su disposición las nuevas tecnologías, tanto a nivel de la comunicación como del diseño y el rodaje. Actualmente pueden ser visualizados más de cuarenta proyectos (realizados o en vías de realización) a través de la web de la productora, muchos de ellos de gran impacto (medios de comunicación, sociedad civil, aparato jurídico, instituciones y órganos de poder político).

2. ¿Del consumidor al prosumidor?

Tras lanzar algunas de sus creaciones más significativas, la productora inició un nuevo giro en 2015 al proponer, vía Verkami, una campaña de *crowdfunding* que permitía, a quien así lo deseara, integrar el grupo como socio o manifestar su adhesión al proyecto de convertirse en cooperativa. El mismo procedimiento había sido ya utilizado como pilar de arranque para la producción de *NO-RES* y *Ciutat Morta,* o para participar con su apoyo en algunas coproducciones, como en el caso del documental *El somni dels herois,* junto a la productora La Trinxera audiovisual, por no citar más que un ejemplo. Gracias a la participación de 77 micromecenas, se recaudaron 2.119 euros para *NO-RES,* y con el apoyo de 182, 4.720 para *Ciutat Morta,* en ambos casos algo por encima de la cantidad a alcanzar para iniciar el proyecto. Pero por enlazar con la campaña para la transformación de Metromuster en cooperativa, cabe señalar que fue un éxito, pues en solo tres días se llegó a sobrepasar la cantidad de 3000 euros indicada como objetivo, gracias «a la participación de 125 mecenas, de entre los cuales 66» podían ya entonces contarse como socios de la cooperativa (Xapo Ortega, 2015). La cuantía financiera fue doblada al final, pues al vencer la fecha límite para el goteo, se habían alcanzado 6.136 euros con la participación de doscientos veintiún mecenas. Los datos aquí señalados permiten dar cuenta del hecho de que hay una demanda y unas expectativas sociales, que existe un público para las creaciones anunciadas por la productora que probablemente siente el vacío dejado por la hegemonía de las películas comerciales.

En el caso de *NO-RES,* este sistema, junto con las fiestas de coproducción, permitió recaudar diez mil euros. Esto significa que se confiere al consumidor un papel activo en la producción misma, con el consiguiente cambio a través del que se potencia la figura del prosumidor. De hecho, según una guía de lectura elaborada por el CENDEAC, *NO-RES* fue el «primer documental catalán financiado gracias al micro-mecenaje» (2014: 6). No obstante, conviene relativizar el impacto financiero de este tipo de procedimiento en las producciones cinematográficas, cuyos costes finales, incluso haciendo muchísimos esfuerzos, superan con mucho las cuantías evocadas. En el caso del documental *NO-RES,* el proyecto de financiación fue realizado con arreglo a los porcentajes siguientes: un 61,2% debía proceder de fondos públicos, un 18% de asociaciones y entidades diversas interesadas por el producto, un 9,2% de fondos de la productora, y un 11,6% del *crowdfunding.* Cabe observar pues que el *crowdfunding,* sin minimizar su importancia, hace posible financiar en realidad una mínima parte del presupuesto. A pesar de todo, el esquema propuesto conduce a observar un cambio en los sistemas de financiación a favor del micromecenazgo, que puede permitir lanzar un proyecto, sobre todo en un contexto institucional que promueve «el desarrollo tecnológico» y «la innovación social» (C.E., 2014).

Por medio del *crowdfunding,* el prosumidor puede asumir en parte el papel de la productora, bien sea aportando una ayuda financiera a un producto que sin embargo plebiscita de antemano como legítimo y adecuado tanto a sus puntos de vista como a sus gustos e intereses personales o culturales, bien dando su opinión y sugerencias, como en el caso de *NO-RES,* donde los mecenas pudieron reaccionar a medida que avanzaba el rodaje (CENDEAC,

2014: 6), o incluso participando en las decisiones, como se puede observar a través de la página de reclamo realizada para el proyecto de convertirse en cooperativa: «Si quieres formar parte de la cooperativa, podrás participar en las asambleas generales».[2]

Cabe inferir que la propuesta confiere mayor protagonismo al espectador, que en lugar de ser mero receptor de un producto creado por un grupo de artistas y técnicos, adquiere un papel activo y participa incluso en la creación, cuando no en la toma de decisiones como socio. ¿No significa esto, en definitiva, un intento de llevar a la práctica, dentro de la realización cinematográfica, el modus operandi reclamado por los participantes en las manifestaciones del 15-M al grito de «¡democracia real, ya!»? ¿No significa esto llevar a la práctica, en el campo del cine, uno de los intentos de emprendeduría colectiva de corte marxista más significativos de una época en la que el neoliberalismo, que parecía haber encontrado con algunas de las transformaciones políticas y económicas de finales del siglo XX (China, países del Este, caída del muro de Berlín...), signos de legitimidad, ha terminado mostrando sus propios límites con la crisis de 2007?

Ahora bien, ¿cuáles son las condiciones del contrato que a través de la plataforma citada se establece entre creadores y prosumidores? Como cabe observar a partir de la plataforma Verkami, el creador se compromete a dar una recompensa. Con todo, determinar recompensas no debe resultar nada fácil cuando se establece de antemano que se podrá descargar la obra gratuitamente. Las dificultades para determinar recompensas quedan patentes tanto si tenemos en cuenta que el presupuesto calculado para el lanzamiento de cada una de las obras es variable, como si nos fijamos en las distintas llamadas a participación financiera para la producción de sus películas. En *NO-RES,* se podía salir en los títulos de crédito por una participación de ocho euros. En *Ciutat Morta,* de presupuesto más elevado, de cuerpo temático todavía más grave, además de la campaña Verkami, la productora pide colaboración a través de su portal distanciándose de la lógica de recompensas, llamando sin duda a la responsabilidad de cada cual y a la recompensa simbólica en el sentido bourdieusiano de bien o capital simbólico[3] (Bourdieu, 1994), noción por la que se

2. Traducción propia. Para el original en catalán, ver web Metromuster.
3. Se utiliza la noción bourdieusiana de *bien simbólico* desprovista de las connotaciones negativas que adquirió en algunos de los textos del autor (Bourdieu, 2014). La noción parece perfectamente adecuada para tomar en cuenta el sistema de donaciones recíprocas que se establece entre creador y prosumidor.

alude a aquellos bienes culturales o sociales que, sin estar dotados de masa física, tienen un valor reconocido en una comunidad determinada: «no te enviaremos ni una camiseta ni un póster –dicen en la web-, pero los autores del proyecto te estarán muy agradecidos».

A este respecto, conviene recordar aquello en lo que los mismos creadores han insistido desde un principio, es decir, sobre el activismo político como función fundamental de la productora y los productos culturales que ofrece.

3. Postulados teóricos

3.1. Cultura Libre

Metromuster da libre acceso a todas sus producciones. En efecto, la productora adhiere a los postulados teóricos de la llamada *cultura libre*, «inspirada», tal y como se afirma en su portal, en los trabajos de Laurence Lessig (impulsor de la *cultura libre*) y Richard Stallman (padre del *software libre*). Como es sabido, en su libro titulado precisamente *Cultura libre,* Lessig presenta los argumentos que apuntalan los fundamentos teóricos de la Creative Commons (Lessig: 312), licencia creativa a la que se acogen todas las producciones de Metromuster. ¿Qué duda cabe del cambio de rumbo que dichas propuestas han forjado en la producción, difusión y consumo de bienes culturales? Metromuster explica en sus páginas el cambio que se ha producido, desde un paradigma de producción cinematográfica en el que los beneficios económicos constituyen el principal objetivo hasta el punto de actuar como frontera que impide el acceso a las obras no comerciales a otro que, desde el comienzo de la producción, incorpora a la futura audiencia.

Los campos comunales, que permiten la comunicación de una obra que difícilmente hubiera encontrado visibilidad por cauces comerciales habituales, constituyen de alguna manera un palio necesario en la cadena que conduce a expresar consenso, indiferencia y/o disenso con la obra elaborada en la llamada *sociedad red* en la que Manuel Castells caracterizaba «los movimientos sociales» como «movimientos de ideas y de valores» (2011: 9).

3.2. Emancipación, desmontaje y empoderamiento

Metromuster se autodefine como productora de «culturas audiovisuales emancipadoras», abogando por el pluralismo y el «procomún». Para ello se da como tarea, siguiendo la nomenclatura derridiana, operar una *deconstrucción* «de códigos en el activismo» por medio del documental. Como señalaba Xapo Ortega en una entrevista para el Diario de Sevilla, no se trata de hacer «cine político», sino de «hacer política con el cine». Uno de los objetivos clave de la productora es el de «contribuir al cambio social a través del empoderamiento de todo tipo de comunidades y colectivos en lucha». Así, cabría hablar no sólo de una productora de cine en resistencia[4], sino de un cine de resistencia frente a las transformaciones sociales y políticas que, habiendo sucedido a una etapa de dictadura, quizá no hayan promovido el zanjamiento completo de los *habitu*[5] (Bourdieu, 2000) de tan largo período, como sostienen los miembros del grupo.

Entre las páginas de su web podemos observar varios elementos de carácter sémico que permiten descubrir algunas de sus afinidades políticas, a pesar de que el grupo se mantenga a distancia de cualquier adscripción partidista. La utilización del femenino como género generalizador es una de las marcas del movimiento de los indignados y de algunos partidos políticos que surgieron o que emergieron de él.

A propósito de ello, puede ser útil recordar la etimología de la palabra «emergencia». Compuesta del prefijo *ex*, que significa «hacia fuera», de la raíz del verbo *mergere* («zambullir, sumergir, hundir»), y de los sufijos *-nt-* (revirtiendo al agente que hace la acción), e *-ia* o «cualidad de», significa «cualidad del que sale de un desastre» (Diccionario actual). Y es en este sentido en el que nos parece que Metromuster se corresponde perfectamente con las nuevas tentativas de emergencia urbanas de una metrópoli, Barcelona en este caso, que ahonda en sus proyectos de autocrítica cuando los viejos modelos de acción se muestran ineficientes e inadaptados a la situación o las situaciones que la crisis económica ha hecho más visibles, pero cuya génesis es anterior.

4. Expresión utilizada en la Jornada de estudios organizada por Nancy Berthier bajo el título «Cinémas en résistance dans les mondes ibériques et ibéro-américains», 15/6/2016, Paris.
5. Se adopta aquí el término bourdesiano de *habitus* para aludir a los posibles determinismos adquiridos por la memoria colectiva.

NO-RES Y *CIUTAT MORTA*, DETONADORES DE CONVERGENCIAS EN DISIDENCIA

1.- *NO-RES*, gentrificación y profanación

[NO-RES], vida i mort d'un espai en tres actes, fue realizada por Xavier Artigas en 2012. Estrenada en el cine Verdi de Barcelona, su creación estaba acorde con otro de los postulados teóricos de la productora: salvaguardar la «memoria histórica». La sala se llenó, confirmando un éxito de acogida entre la crítica cinematográfica especializada. Recordemos que le fue otorgado el primer premio de largometraje nacional en el Festival Documenta Madrid.

Con ella el cineasta se hacía eco de los movimientos de protesta activistas surgidos en torno a la programada destrucción de la llamada «colonia de Castells», situada en el barrio de les Corts, zona que en tiempos de su creación, a principios del siglo XX, se encontraba ubicada en las afueras, pero que con el tiempo había pasado a ocupar un espacio urbano central, convirtiéndose en una especie de aldea en medio de una ciudad cada vez más densa en plena expansión urbanística. A los vecinos de mayor antigüedad se les prometió un piso y se les dio un plazo para desocupar la casa en la que habían construido su vida. El proyecto, según se indica a través de la voz en *off*, venía de los años sesenta, durante la Dictadura, pero fue en plena democracia cuando se decidió llevarlo a cabo. A propósito de ello, la película muestra que las lógicas de acción que han llevado a acuñar la palabra «gentrificación», por la que se quiere dar cuenta de los procesos urbanos por los que se tiende a desplazar a los pobladores más pobres hacia las afueras y reemplazarlos en el centro por categorías socioprofesionales más pudientes, echa sus raíces en configuraciones urbanas de antaño. La fuerza y perennidad de dichos procesos, junto con la violencia del poder, parecen acrecentarse en la época contemporánea. La banda sonora, combinando silencio y estridencias, adopta visos de cine de terror cuando la pala de una grúa empieza a echar abajo muros que representan vidas. Élite política, aparato institucional y grandes empresas privadas parecen aunar sus fuerzas para prorrumpir en un espacio que se había atrevido a resistir a los procesos de uniformización de la vivienda urbana.

Rebasado el límite de los muros del exterior de una casa, un plano de conjunto parece prohibir el acceso visual detallado. Detenida sin embargo esta a una relativa distancia, da visibilidad a un muro interior y los enseres de sus antiguos ocupantes. Dos imágenes de la virgen colgadas y parte del somier de un lecho confieren al derribo visos de profanación del espacio privado [fig.3]. La imagen capturada revela la incapacidad de los talismanes e iconos religiosos para paralizar el desastre, así como la pérdida de vigencia de su lenguaje icó-

Fig. 3. Profanación

nico en medio de prácticas urbanas basadas en el *bienestar* (el montaje inserta una secuencia en el piso de sustitución impecablemente nuevo y limpio) y la utilidad pública (actualmente se habla de la creación de un parque al que es posible que los antiguos habitantes tengan difícilmente acceso).

2.- *Ciutat Morta,* hacia un cine con marcada centralidad simbólica

Metromuster produce un cine de «no-ficción» profundamente marcado por la realidad, aunque sin someterse a los cánones del realismo, o no únicamente. Obras profundamente híbridas en que ficción y realidad se interpelan mutuamente y colaboran en la búsqueda de un sentido potenciado por elecciones estéticas como el detenimiento observacional, el diálogo intertextual con el cine de los orígenes, la hibridación entre las artes y la adopción de un tono grave acorde con la temática tratada que se traduce en ocasiones por una preponderancia cromática del negro. Ocupando el espacio intermediario entre la ficción y su contrario, produce cine ante la emergencia social de voces que buscan lenguaje, canal de expresión y divulgación de una situación insostenible. Responde pues a una demanda social y a una urgencia. A través de sus documentales, promueve conciencia de grupo y la creación de un fondo cultural alternativo, además de legitimar un fondo ideológico que da consistencia a las acciones llevadas a cabo. En este contexto, el llamado empoderamiento, del inglés *empower*, es fundamental. El diccionario de la RAE lo define en el sentido de «conceder poder a un colectivo desfavorecido económicamente para que, mediante su autogestión, mejore sus condiciones de vida». Por su parte, Metromuster lo utiliza dándole un sentido más amplio. La secuencia del íncipit de *Ciutat Morta* constituye un claro ejemplo [fig. 4]:

Fig. 4. Cine y empoderamiento

La imagen pone en evidencia la centralidad del motivo que aglutina: Patricia Heras, heroína de *Ciutat Morta* y víctima del llamado *caso 4F* en el que varios jóvenes fueron imputados y encarcelados por las heridas causadas a un *mosso d'escuadra* al recibir este en la cabeza una maceta desde un balcón. Figura icónica de un movimiento de protesta que arrancando de este caso lleva al espectador a escrutar en los meandros de la corrupción institucional y la discriminación.

La imagen también permite destacar el aforo y la importancia del lugar elegido como centro de visionado y núcleo aglutinador de una comunidad emergente. Se trata del Palau del Cinema de la Via Laietana de Barcelona, uno de esos cines de toda la vida actualmente cerrados, bautizado puntualmente por el colectivo como «Cinema Patricia Heras». La ocupación fortuita y masiva del lugar, la presencia de escaleras y la instalación de carteles implican una organización previa, claro ejemplo de autogestión, asimismo eslabón básico en la definición de *empoderamiento.* La secuencia en la que se inserta insiste en el mismo aspecto, pues todo converge en la forma para aumentar la impresión de emergencia, en su doble sentido de urgencia y surgimiento de un grupo: cámara al hombro, carácter dinámico, sentido de la marcha unificado, acción colectiva organizada con cooperación intergeneracional, altavoz-transparencia, altavoz-liderazgo, acciones coordinadas (escalera, pegatina en pared, chalecos...) y ausencia total de caos en una acción ilegal de okupación y desobediencia civil de la que los participantes son conscientes.

Ahora bien, tal y como lo concibe Metromuster, el empoderamiento se refiere también a la capacidad que tiene un colectivo de convencer a la opinión pública de la legitimidad de las acciones emprendidas, de su adhesión activa o pasiva, del apoyo moral recibido y de la posibilidad de ocupar los espacios mediáticos de divulgación de una idea, acto o contenido. Creación cinematográfica, *okupación* de una sala de cine y visionado colectivo constituyen elementos fundamentales en tanto que ritual de conmemoración y recreación de conciencia y vivencia compartida del grupo o colectivo, como puede percibirse a través de la siguiente imagen [fig. 5]:

Fig. 5. Palau del Cinema en proceso de ocupacion

El artículo de Xapo Ortega «Celebrar el 15-M en una sala de cine» da buena prueba de ello. Evidentemente, no se trata de equiparar el visionado colectivo de una película en una sala de cine con un rito religioso, sino de destacar el carácter sacro de todo acto de renovación del sentimiento de pertenencia a una comunidad. En este sentido, el cine parece ocupar en un Estado laico un lugar fundamental en una praxis festiva de recomposición del *ethos* mediante la recuperación del ritual de visionado colectivo.

Para concluir, cabe señalar el papel fundamental que juega el cine como modo de expresión, de comunicación e investigación de una realidad ante la cual el grupo intenta situarse desde un punto de vista crítico. A través de todas sus producciones, el grupo explora las posibilidades estéticas, sociales y políticas que le ofrece el documental. El visionado en una sala de cine constituye el ritual de rememoración y recreación del colectivo o colectivos afines que pueden colaborar o no a través del micromecenazgo. El carácter celebrativo de la *okupación* de una sala como signo de desobediencia civil contribuye a la afirmación de compartir un destino común, añade visibilidad mediática y conciencia de empoderamiento. Heredero de la función sacra de los rituales que permiten reactualizar los lazos que unen a los miembros de un grupo (el vocablo *religare* aludía a ello), el ejemplo de Metromuster muestra que el cine y las salas de cine no han perdido vigencia, a pesar de que solo mantengan su papel a partir de reactualizaciones esporádicas y festivas de reconstitución de identidades colectivas.

A partir de ahí, el presente artículo pretende dar cuenta de la complejidad de la noción de centralidad. Si la desaparición de numerosas salas de cine de barrio apuntan hacia una pérdida de su centralidad espaciotemporal, el caso de Metromuster nos conduce a afirmar que esta pérdida ha venido acompañada de una ampliación de sentido hacia una centralidad simbólica. Por fin, el caso de Metromuster permite examinar lo que nos parece responder a una de las formas adoptadas en la época contemporánea por un cine que asume la función de alteridad desde el activismo político, la reflexividad como capacidad de autocrítica y una propuesta sociopolítica de convergencia de la ciudadanía. Con todo, cabría preguntarse si el empoderamiento de la ciudadanía con ayuda de las TIC no está produciendo paralelamente efectos no deseados por todos, como podría ser la normalización de procesos de automatización cada vez más presentes en la vida cotidiana.

BIBLIOGRAFÍA

ARTIGAS, X. (2012), *NO-RES. Vida i mort d'un espai en tres actes,* Documental, Metromuster, Barcelona. http://no-res.cc/fr/ y http://metromuster.cat/project/no-res/. Consultados en junio 2014.

ARTIGAS, X. y ORTEGA, X. (2014), *Ciutat Morta,* Documental, Metromuster, Barcelona. URL: https://ciutatmorta.wordpress.com/. Consultado en junio 2014.

BERTHIER, N. et al. (15/06/2016), «Cinémas en résistence dans les mondes ibériques et ibéro-américains contemporains», Jornada de Estudios, Sorbona, París. URL : http://crimicsorbonne.fr/manifestations/rencontres-entre-professionnels-et-universitaires-autour-du-cinema-iberoamericain-contemporain/.

B.O.E. (2010), Ley General (7/2010) de Comunicación Audiovisual, Jefatura del Estado, «BOE» núm. 79, de 1 de abril de 2010, Referencia: BOE-A-2010-5292, Texto Consolidado, última modificación: 1 de mayo de 2015. https://www.boe.es/buscar/pdf/2010/BOE-A-2010-5292-consolidado.pdf. Consultado en mayo 2016.

BOURDIEU, P. (1994), «L'économie des biens symboliques », Cours du Collège de France à la Faculté d'Anthropologie et de Sociologie de l'Université Lumière Lyon, *Cahiers du Groupe de Recherche sur la Socialisation*, N°13, 2e trim., Lyon: Université Lumière Lyon 2.

BOURDIEU, P. (2000), *Esquisse d'une Théorie de la Pratique,* Paris, Seuil, col. Essais.
CAC (Consell de l'Audiovisual de Catalunya).
https://www.cac.cat/web/informacio/index.jsp?Mw%3D%3D&Mg%3D%3D&L3dlYi9pbmZvcm1hY2lvL2NvbnRlbnREZXNjcmlwY2lv. Consultado el 09/05/2017.

CASTELLS, M. (2001), «Internet y la Sociedad Red», La Factoría, feb.-sep., n° 14-15. http://www.cabuenes.org/03/documentos/cursos/globalizacion/bloque2/glob_blq2_08.pdf . Consultado en septiembre 2017.

CENDEAC (Centro de Documentación y Estudios Avanzados De Arte Contemporáneo, 30/10/2014), Fisuras fílmicas. Xavier Artigas y Xapo Ortega. Ciutat Morta. Guía de lectura. http://cendeac.net/docdow.php?id=417. Consultado en septiembre 2017.

COMISIÓN EUROPEA (1/03/2014), «Barcelona, capital europea de la Innovación», comunicado de prensa, Bruselas. http://europa.eu/rapid/press-release_IP-14-239_es.htm. Consultado en 2015 y septiembre 2017.

DICCIONARIO ACTUAL, https://diccionarioactual.com/emergencia/. Consultado en octubre 2016.

DICCIONARIO R.A.E. (1992), Vigésima primera edición, Real Academia Española, Madrid.
FIBGAR (2013/06/11), «Una juventud muy preparada con pocas expectativas de futuro». https://afavordetodos.wordpress.com/2013/07/11/una-juventud-muy-preparada-con-pocas-expectativas-de-futuro/. Consultado el 09/05/2017.

GAVARA DE CARA, J.C. (2013/05/21), «Autoridades Independientes del Audiovisual: del CEMA a la CNMC**»,** blog Revista Catalana de Dret Públic. https://eapc-rcdp.blog.gencat.cat/2013/05/21/autoridades-independientes-del-audiovisual-del-cema-a-la-cnmc-juan-carlos-gavara/. Consultado el 08/05/2017.

GAVARA DE CARA, J.C y PÉREZ TORNERO, J.M. (2012), *La alfabetización mediática y la Ley General de Comunicación Audiovisual en España,* Barcelona: UOC.

IZQUIERDO CASTILLO, J. (2007), *Distribución y exhibición cinematográficas en España. Un estudio de situación del negocio en la transición tecnológica digital,* Tesis doctoral, Universitat Jaume I, Departamento de Filosofía, Sociología, Comunicación y Publicidad.

KAUFMANN, J.-C. (2001), *Ego: Pour une sociologie de l'individu,* Nathan Université.

LESSIG, L. (2004), *Cultura libre,* trad. Antonio Córdoba, Elástico, Creative Commons.

MECD (2005-2014), CulturaBase, Estadística de Cinematografía: Producción, Exhibición, Distribución y Fomento, Cines y salas de exhibición por comunidades autónomas y provincias, Barcelona.
http://www.mcu.es/culturabase/cgi/axi?AXIS_PATH=/culturabase/temas/t20/p20/a2005/l0/&FILE_AXIS=T2003001.px&CGI_DEFAULT=/culturabase/temas/cgi.opt&COMANDO=SELECCION&CGI_URL=/culturabase/cgi/. Consultado el 25/05/2016.

MECD (2005-2015), *Anuario de Estadísticas culturales,* Capítulos, Cine y video, Cuadros estadísticos, Cines y salas de exhibición por comunidad autónoma.
http://www.mecd.gob.es/servicios-al-ciudadano-mecd/dms/mecd/servicios-al-ciudadano-mecd/estadisticas/cultura/mc/naec/2006/capitulos/c_cine16.pdf. Consultado en junio 2016.

MECD (2016), *Plan de Fomento de las Industrias Culturales y Creativas.*
http://www.mecd.gob.es/dms/mecd/cultura-mecd/areas-cultura/industriasculturales/plan-fomento-industrias-2016.pdf. Consultado el 08/05/2017.

METROMUSTER. Cultures audiovisuals emancipadores. http://metromuster.cat/.

MIRCEA, E. (1965), *Le sacré et le profane,* París: Gallimard.

ORTEGA, X. y MUÑOZ FOSSATI, M. (13/03/2015), «No hacemos cine político, intentamos hacer política» entrevista para Diario de Sevilla.
http://www.diariodesevilla.es/entrevistas/hacemos-politico-intentamos-hacerpolitica_0_897810244.html. Consultado en septiembre 2017.

QUINTANA, Àngel (2011), *Después del cine. Imagen y realidad en la era digital,* Barcelona: Acantilado.

SÁNCHEZ CARRERO, J. y CONTRERAS PULIDO, P. (2012), «De cara al prosumidor: producción y consumo empoderando a la ciudadanía 3.0.», Icono14, Vol.10, No.3, 62-84, DOI: 10.7195/ri14.v10i3.210.

VERKAMI: URL, https://www.verkami.com/. Consultado en abril de 2016.
https://www.verkami.com/blog/1177-no-res-entra-por-los-poros-la-sientes-en-el-estomago-cronica-del-pre-estreno . Consultado en septiembre 2017.

II. ESTÉTICAS SURGIDAS EN EL PERIODO DE “DESPUÉS DEL CINE”

Las mil Claras de Carolina Astudillo: memoria, celuloide y digital en *El gran vuelo* (2014)

Marianne Bloch-Robin

Université Lille Sciences Humaines et Sociales

EA 4074 CECILLE
Centre d'Études en Civilisations Langues et Lettres Étrangères

Para relatar la vida de Clara Pueyo Jornet, desaparecida en 1943 tras fugarse de la prisión barcelonesa de mujeres de Les Corts y de cuya imagen solo quedan unas pocas fotografías, Carolina Astudillo no eligió a una actriz para encarnar a la mujer en una ficción, ni la evocación directa en la pantalla de testigos que la conocieron, ni otros de los múltiples recursos posibles del cine documental. Eligió unas huellas del pasado, las huellas del celuloide de películas familiares que se rodaron en los años en que vivió la mujer. Paradójicamente, estas huellas no son las de Clara, ni podrían serlo ya que el nivel económico que requería el poseer una cámara en los años veinte y treinta descarta totalmente esta hipótesis. Sin embargo, el juego de eco y de oposición entre el montaje de este *found footage*, la voz en *off* masculina que interroga las imágenes, la voz femenina que lee sus hermosas cartas y la música entre desfase y sincronización consiguen adentrar al espectador en la vida de esta singular protagonista, rechazando la manipulación, dejándolo libre de formarse una opinión sobre la vida y el incierto destino final de la mujer.

La película es testimonio del interés creciente de los cineastas de principios del siglo XXI por el cine doméstico en el marco experimental y más específicamente del desarrollo en España del cine de apropiación (de metraje encontrado o de *found footage*) durante su segunda década (Álvarez 2015: 203). Si la práctica del film familiar remonta a los orígenes del cine –las primeras «vues lumières» son, en parte, películas domésticas–, y la reutilización de estos metrajes en películas de montaje se desarrolla a lo largo del siglo XX, Antonio Weinrichter apunta sin embargo que: «La apropiación de material ajeno *parece* un fenómeno de eclosión reciente: al menos el *concepto* o la conciencia histórica del fenómeno mismo lo es» ya que las retrospectivas que visibilizaron este cine de apropiación solo se iniciaron a principios de los años 1990 a la par que se escribieron los primeros estudios críticos y universitarios (2009: 13). Además, a partir de los años 2000, el desarrollo de la tecnología digital facilitó sobremanera el montaje y la aplicación de todo tipo de efectos especiales a los metrajes de celuloide digitalizados mientras crecía la fascinación por el material fotoquímico sustituido inexorablemente por el digital.

La película *El gran vuelo* (2016) de Carolina Astudillo se puede enmarcar en la categoría de *collage* definida por William C. Wees (1993:32-34)[1] en una aproximación experimental cuyo acercamiento a la imagen es crítico, puesto que el desfase entre los planos elegidos y la banda sonora permite que el espectador tenga que adoptar cierta distancia respecto al texto fílmico. En estas obras, se trata de:

> [...] permitir al espectador tomar conciencia de los mecanismos de producción de sentido con el fin de que la mirada sobre la realidad de la que se le hace partícipe no aparezca como discurso inmaculado y transparente sino como toma de posición social e históricamente determinada (Gómez Vaquero y García López 2009:28).

La obra se puede asimismo considerar como documental, reconstruyendo la autora, a partir de una larga y rigurosa investigación, la vida de la mujer desde su infancia hasta su oscura desaparición. La narración escudriña e indaga en un recorrido vital sembrado de elipsis y de incógnitas sin imponer interpretación unívoca, al tejer relaciones y ecos complejos entre voz en *off*, imágenes y música.

La concepción misma de la película hace de ella una obra híbrida entre celuloide y digital ya que, después de su investigación que le permitió elaborar el relato de la vida de Clara y a partir de metrajes de películas familiares digitalizados[2], Carolina Astudillo, con la colaboración sucesiva de dos montadoras, Georgia Panagou y Ana Pfaff, emprende un larguísimo proceso de montaje[3] facilitado por el uso de las nuevas tecnologías. El medio digital permite pues otorgar una nueva vida a esas huellas de un mundo perdido y, gracias a estas imágenes de lo que quizás podía haber sido y sobre todo de lo que no fue la vida de Clara, consigue encarnar a esta mujer cuyas cartas revelan un induda-

1. William C. Wees define tres principales categorías de películas de apropiación o de reciclaje: la compilación que remite a películas documentales mediante una estética realista, el *collage* propio de las vanguardias y del cine moderno y que coloca al espectador en una posición crítica y por fin el simulacro, propio de la postmodernidad.
2. Facilitadas a la directora por las filmotecas de Valencia y Barcelona.
3. Un proceso que duró dos años. Datos proporcionados por Carolina Astudillo en una entrevista concedida el 17/02/2016. Le agradecemos su paciencia y el tiempo que aceptó dedicar a la entrevista.

ble talento literario tanto como una personalidad sensible, valiente y generosa. Además, el origen familiar de los metrajes encontrado y la multiplicidad de mujeres que aparece en ellos permite a Carolina Astudillo evocar el papel de las mujeres en la sociedad española a través del recorrido vital de Clara. A partir de un material que de cine tiene la materialidad pero no la intencionalidad –unas tomas sueltas destinadas a un uso privado y no a la proyección pública–, la directora construye una obra genuinamente cinematográfica que constituye también un homenaje al latido mágico y fantasmal del celuloide.

HUELLA Y ENCARNACION

La obra de Carolina Astudillo, directora chilena afincada en Barcelona, parte de la voluntad de sacar del olvido a Clara Pueyo Jornet, cuya existencia descubre cuando rueda en el 2007 un cortometraje titulado *De monstruos y faldas* que rescata la memoria de mujeres presas políticas en la cárcel barcelonesa de Les Corts en la posguerra civil española. La catalana Clara Pueyo Jornet, una entre estas figuras, nacida en 1914[4], se afilió a los 15 años a las JSU[5], vivió en Valencia durante la guerra civil, se exilió a Francia después del conflicto y volvió en 1940 a Barcelona para participar en una labor clandestina de reconstrucción del PSUC.[6] Detenida en agosto de 1941 por el régimen franquista[7], fue encarcelada, torturada y condenada a muerte. Con la ayuda de unos compañeros del Partido Comunista, consiguió escapar de la prisión el 26 de junio de 1943. Sin embargo, tras esta fuga, desapareció sin dejar rastro y nunca más se volvió a saber de ella. Según la investigación de la cineasta[8], varias pistas apuntan a que quizás fuera asesinada poco tiempo después de su evasión por encargo del propio partido que sospechó una traición suya. Una decena de fotografías, algunas cartas y documentos[9], informes policiales, los escasos recuerdos de su sobrino y de unas pocas personas más constituyen los únicos rastros que de ella quedan.

4. En el pueblo catalán Vilanova i la Geltrú.
5. Juventudes Socialistas Unificadas.
6. Partido Socialista Unificado de Cataluña.
7. Junto con dos compañeras del partido, Soledad Real e Isabel Imbert.
8. Con la ayuda de Fernando Hernández Holgado autor de la tesis doctoral *La Prisión Militante. Las cárceles de mujeres franquistas de Barcelona y Madrid (1939-1945)*, 2011. http://eprints.ucm.es/13798/
9. Conservadas en el Archivo militar de Madrid.

Fig. 1. Foto de Clara a los 15 años

Cuando en el cortometraje del 2007 aparecía material de diversa índole para paliar la ausencia de las imágenes –*found footage* pero también entrevistas a familiares de las presas, fragmentos animados, planos contemporáneos de los lugares, fotos y documentos– la directora elige una opción más radical en 2014 ya que utiliza principalmente films familiares digitalizados[10], algunas películas amateur –según la distinción establecida por Roger Odin (1995: 27)[11]–, planos de diversos documentos : fotos, cartas, fragmentos de un cómic

10. En las filmotecas de Barcelona y Valencia. Se puede distinguir, a parte de las películas familiares –entre las cuales cabe destacar unas tomas cedidas por la familia del grafista y cartelista valenciano Manuel Monleón que fue amante de Clara Pueyo Jornet–, un fragmento rodado en 1932 por Gonzalo Menéndez Pidal de *La vida es sueño* (1635) de Pedro Calderón de la Barca montada por Federico García Lorca en su teatro itinerante La Barraca, un fragmento de película pornográfica de los años veinte, y algunos metrajes de planos de archivos rodados durante la guerra civil española.
11. Roger Odin define el film familiar (*film de famille)* como «[...] una película (o un vídeo) realizada por un miembro de una familia a propósito de personajes, de even-

encontrado en el piso franco de Barcelona donde la mujer se escondió al volver de Francia e informes policiales. Lo asombroso en el montaje visual de estos planos de las películas domésticas es la demostración de que las huellas que representan estos fragmentos de celuloide « robados » a unas cotidianidades o a unos eventos familiares no podrían ser casi nunca una evocación de la vida de Clara.[12] Esta constatación contradice pues la definición misma de huella, ligada, como lo subraya Malin Wahlberg (2009: 251):

> Tanto al carácter material del vestigio como a la experiencia de un pasado irrevocable. Se concibe como signo indexical, como operador existencial que interrelaciona la imagen, la historia y la memoria. Tradicionalmente, es un objeto, una marca inscrita o una fotografía que se erige como testimonio de la vida o de los acontecimientos del pasado.

Esas niñas y mujeres alegres y coquetas que miran a la cámara sonriendo, en una puesta en escena de la felicidad destacada por Marianne Hirsch en el caso de las fotografías familiares (1997), pertenecen la mayoría de las veces a una clase social despreocupada –o que por lo menos lo aparece ya que: «En suma, el film familiar construye una visión eufórica de la vida de familia» (Odin, 2008: 205)–, incluso en los duros tiempos de la posguerra. Como lo recalca Marta Álvarez (2015: 207):

> Son los rituales de integración en la familia y la comunidad los temas y motivos del cine familiar desde la creación de los primeros aparatos portátiles por Pathé en 1922: bodas, bautizos, comuniones, pero también, en gran medida, actividades de ocio que delatan a menudo la pertenencia social de los filmadores y filmados.

tos o de objetos vinculados de un cierto modo a la historia de esta familia y al uso privilegiado de los miembros de la familia».

12. En este particular se opone completamente a la película de José-Luis López-Linares *Un instante en la vida ajena* (2003) en la que, a partir de metrajes de películas domésticas rodada por la catalana Madronita Andreu, reconstituye su vida privilegiada ociosa y placentera desde los años veinte hasta los años setenta, una vida que aparece en la pantalla apenas afectada por los grandes conflictos y eventos del siglo XX.

La huella fílmica de este pasado aparece pues sesgada no solo al ser la de unas pocas frente a una multitud de anónimas que no pudieron dejar rastro sino también porque en este tipo de metraje destinado a construir una memoria familiar, la desdicha y la discordia solo pueden asomarse en segundo término, de refilón o fuera de campo.

La fuerza de la identificación y de la empatía hace sin embargo que, a menudo, la pulsión escópica del espectador lo empuje de manera irreprimible a identificar los rostros y el garbo de las mujeres con Clara, cuya imagen se puede llegar a reconocer en estas caras y cuerpos caleidoscópicos. Esta identificación interviene incluso a nivel metafórico, por ejemplo, en la aparición de una niña pequeña helada de frío en unas extrañas, infinitas y desoladas vías de tren, que pueden remitir tanto al duro exilio en Francia padecido por Clara como a la pérdida que sufrió al fallecer su hija por desnutrición en temprana edad.

Fig. 2. Identificación metafórica

La voz en *off* que reconstruye el destino de la mujer, imprimiendo unidad a las tomas en un principio heterogéneas, se opone sin embargo de manera reiterada a este deseo de identificación del espectador al destacar su imposibilidad. Procede a una deconstrucción sistemática de la manipulación de las imágenes que podría suponer el montaje, aplicándose a demostrar que los planos no pueden ser una representación de Clara. También se utiliza un desfase irónico y humorístico entre la voz y el montaje de las imágenes, por ejemplo, en una identificación irónica con unas mujeres llevando velo al estilo islámico cuando la voz en *off* cita un informe policial que destaca la peligrosidad de Clara.

Fig. 3.Desfase irónico

Este procedimiento de distanciación es propio de numerosas películas que utilizan metrajes domésticos, como lo subraya Efrén Cueva Álvarez (2010: 125) al evocar *The Family Album* (1986, Alan Berliner):

> De hecho, esa estrategia de contraste entre la imagen feliz y el testimonio oral que las revisa será una de las constantes que reaparecerán en un buen número de filmes que reciclan metraje doméstico. Se trata de una combinación que pone en primer plano el carácter ambivalente del cine doméstico [...]

En el cine de apropiación, este efecto se utiliza con frecuencia para revelar un malestar latente disimulado por la escenificación de la felicidad familiar aparente, propia de este tipo de tomas *amateur*. Aquí, lo primero que pone de relieve la voz en *off* es la oposición entre la vida de estas mujeres de clase social acomodada y la de Clara Pueyo, sin dejar no obstante de recalcar el control al que están sometidas todas las mujeres desde su infancia. Esta distancia que pone en entredicho no solo la representatividad de las mujeres filmadas sino también hasta su felicidad permiten al espectador adoptar una «lectura documentalizante» en términos de Roger Odin (1984: 267) respecto al texto fílmico.[13]

Pero el efecto más sobrecogedor sobreviene en los momentos en que la voz femenina lee las cartas escritas en catalán y en castellano por Clara ya que la fuerza de la empatía induce a una identificación entre las mujeres que aparecen en la pantalla y ella hasta que la tensión producida por el desfase se hace tan patente que el espectador se encuentra sacado brutalmente del proceso de identificación. Es el caso por ejemplo cuando la voz grave y aterciopelada de María Cazes enuncia pausadamente «Tu aún no lo sabes, pero he tenido una hija. Otra pequeña tragedia. Murió de hambre...de hambre ¿sabes, Félix?»[14], mientras unas imágenes de mujeres esquiando se ralentizan hasta congelarse, descomponiendo así el movimiento de una esquiadora que se va cayendo irremediablemente.

Estos recursos hacen que el espectador se halle en un constante vaivén, una constante tensión, entre identificación de la mujer con las imágenes y distanciamiento, tanto más cuanto que la textura del celuloide original de los planos produce un doble efecto: por una parte, un efecto hipnótico debido al palpitar del desfile de los fotogramas en la luz del proyector y del montaje rítmico que evidencian la huella fotoquímica como sucesión de fotogramas pero

13. «Recordemos los tres procesos que pone en marcha la lectura documentalizante: La construcción de un enunciador real (frente a ficticio); es decir, de un enunciador que en calidad de lector hago partícipe de mi mismo espacio y al cual me siento autorizado a interrogar.
· El cuestionamiento de este enunciador en términos de verdad. Es necesario observar que un texto no es un documento porque dice la verdad, sino porque le interrogamos sobre la verdad. Es la pregunta la que hace al documento y no la respuesta. Un documento puede mentir o equivocarse, pero sigue siendo un documento (no una ficción).
· La evaluación del valor informativo de lo que se ha mostrado: ¿qué he aprendido sobre el mundo?» (Odin 2008: 201)
14. El texto de la carta es en catalán.

también una distanciación debida al carácter muchas veces fantasmal del celuloide desgastado por el tiempo en el que las huellas se van desvaneciendo, un carácter fantasmal reforzado en ocasiones por el ralentí del desfile de los fotogramas.[15]

La música es otro procedimiento que crea distancia, al introducir a menudo un desfase irónico con las imágenes, imágenes que las composiciones parecen cuestionar con gritos, gemidos o ruidos estridentes. Las piezas musicales, varias veces atonales, no guían el espectador cuyo oído está aculturado a la tonalidad y se oponen también a una de las funciones tradicionales de la música en el cine, el papel de estructuración del tiempo gracias a un esquema de desarrollo previsible por el oyente, una función que suele facilitar la construcción de la coherencia y de la previsibilidad del relato fílmico[16] como lo recalca Michel Chion (1995: 208-209):

> El sonido, y en particular la música, influye en el tiempo de la imagen, o más bien en el tiempo en que percibimos la imagen, por un efecto de "valor añadido" muy característico. [...] No solo el tempo de la música y la velocidad puntual de los acaecimientos, de las notas, sino también el sistema tonal y formal en que esta música se inscribe participan en esta temporalización, en particular a través del fenómeno de las *cadencias*, armónicas y melódicas, y de las *cuadraturas*: una música escrita en un estilo tonal y en el marco de compases determinados permite anticipar el momento en que se va a concluir o suspender, y esta anticipación se incorpora a nuestra percepción de la imagen. Así, la música ayuda y contribuye a estructurar el tiempo de una secuencia cinematográfica, no sólo por las pulsaciones rítmicas, sino también por el fenómeno de la espera (en general inconsciente, reflejo) de la cadencia.

Otras veces, por el contrario, la sincronización musical con los movimientos de las personas que aparecen en la pantalla subraya el carácter artificial del procedimiento lo que facilita también el distanciamiento crítico del

15. Un procedimiento por otra parte muy común en las películas que utilizan metrajes de *found footage* que subrayan el paso del tiempo con procedimientos que lejos de disimular los estropicios sufridos por el celuloide evidencian el envejecimiento de la película.
16. Traducción personal

espectador. Estas utilizaciones se oponen pues a todas las funciones clásicas de la música en el cine al forzar una audición consciente, al crear casi siempre un efecto anempático y al subrayar la fragmentación, en vez de unificar la narración, remitiendo al carácter incierto de la memoria y al olvido. Asimismo, reactiva el presente de la narración, alejado del tiempo de la filmación como lo recalca Sonia García López (2011) a propósito de la música compuesta por Tibor Szemzö para las películas de Peter Forgács cuyas funciones respecto al texto fílmico son muy comparables.

PALIMPSESTO FILMICO: DE CLARA A LAS MUJERES

Las cartas escritas por Clara Pueyo Jornet y leídas por la voz cálida de María Cazes, consiguen, sin embargo, junto con el montaje rítmico de los planos, (re)encarnar a la mujer. Lo que Michel Chion (2003: 411) define como *acousmetre* (la voz de un personaje cuya fuente permanece oculta) parece «desacousmatizarse»[17] constantemente, la voz encarnándose fugazmente en las diferentes figuras de mujeres filmadas, reuniéndolas en el cuerpo fantaseado y polimorfo de Clara. Esta encarnación es efímera y vuelve a desaparecer al poco tiempo cuando se evidencia la ruptura entre la voz y los cuerpos.

La calidad literaria de estos textos poéticos, la inteligencia y la sensibilidad superior que transmiten, el ritmo pausado de la voz cálida, asociados con la fragmentación caleidoscópica de los cuerpos y de los rostros femeninos fantasmales llevan a una universalización que, a través del recorrido vital de Clara, permite que la película construya una reflexión sobre el papel de la mujer en la sociedad patriarcal y más específicamente en la militancia política poniendo asimismo en tela de juicio el papel de la mujer en los partidos de izquierda. Esta reflexión se lleva también a cabo a través de la voz en *off* masculina que, por una parte, da unidad al relato al contar cronológicamente la vida de la mujer, pero por otra parte invita constantemente al espectador a relativizar lo que ve o lo que siente. Además, la cronología se ve subvertida por la voz en *off* que procede a unas prolepsis (constituyendo otro elemento de activación del presente de enunciación) al evocar testimonios recogidos por la propia directora, años después, poniendo de relieve la precariedad de la memoria de los testigos que muy poco se acuerdan o que pretenden no acordarse de Clara. El

17. Una voz se desacousmatiza cuando se reúne con el cuerpo del que proviene (CHION 2003: 418).

carácter verbo-centrista de la voz en *off* que, según Michel Chion, estructura la visión de las imágenes orientando la mirada del espectador, «encuadrándola rigurosamente» se ve así constantemente puesto en tela de juicio. Según Chion, el espectador no puede explorar libremente «la visión de la imagen de cine, fugitiva y pasajera» (1990:9), el poder de la voz en *off* permite ordenar el caos de las imágenes, tanto más cuanto que estas imágenes carecen de unidad por sus orígenes muy variadas. En *El gran vuelo*, sin embargo, la voz organiza y desorganiza continuamente la fragmentación de las imágenes, apuntando en particular la condición de las mujeres cuya imagen capta la cámara. Estos metrajes domésticos, al ocultar los conflictos y la violencia a la que están sometidas las mujeres, los revelan indirectamente. En efecto, la sumisión y control al que están expuestas desde su infancia, cualquiera que sea la clase social a la que pertenecen, solo aparece indirectamente en los metrajes domésticos, como lo destaca Malin Wahlberg (2009: 261):

> [...] pues las películas *amateur* que son objeto de compilación están marcadas por la falta de información, por los interrogantes sin respuesta y los conflictos invisibles y relaciones complejas que siempre se esconden bajo la apariencia coherente de la autorrepresentación doméstica.

Además, como lo apunta Jean Puissant (2000: 11): «La familia es por excelencia el tema privilegiado de cineastas *amateurs* que pertenecen a la burguesía en un sentido amplio ya que se sitúa en el centro del proyecto individual y social de este tipo de ámbito». El montaje y la voz en *off* apuntan este control a través de los encuadres en primer plano que encierran a las mujeres, del papel materno impuesto a las niñas con lazos en el pelo y muñecas en brazos, hasta la acumulación de los planos de piernas o de la figura de la criada, eternamente cortada por el encuadre que la ningunea, relegándola al fuera de campo. Sin embargo, el carácter ficticio de la felicidad de la que hacen alarde estas películas se ve cuestionado por su acumulación y por la voz en *off* que desvela el dolor y la violencia en el palimpsesto de la imagen y del sonido.[18]

18. En su obra *Tren de sombras* (1997), José Luis Guerin subraya estos desajustes al crear unos falsos metrajes familiares en los que, tras una aparente perfecta felicidad matrimonial, unas furtivas miradas intercambiadas revelan las relaciones mantenidas por el marido con la criada sometida al deseo del jefe de familia.

Fig. 4. Criada ninguneada

DEL MATERIAL CINEMATOGRAFICO AL CINE

El material que trabaja la directora es la digitalización de lo que fue la materia prima del cine durante un siglo, es decir unas tomas de celuloide cuya proyección hace desfilar fotogramas que laten en la luz del proyector. Este latido o pulso ontológico del cine se diferencia poderosamente del hormigueo de la reconfiguración incesante de los códigos que componen la toma digital. El homenaje a la huella parpadeante, al efecto estroboscópico de la memoria de la película fílmica de Carolina Astudillo no solo recalca su materialidad original al rechazar el etalonaje que permitiría homogeneizar las tomas en una tonalidad común, sino que la subraya también con el uso reiterado del ralentí que hace aún más perceptible el desfile de los fotogramas asociados, a veces, con el ruido de la cámara o del proyector. Este pulso evoca la recuperación de la memoria de Clara y el latido de un corazón que le devuelve vida al rescatarla del olvido. Elige también en algunos casos tomas muy estropeadas cuya materialidad es revelada por los estropicios del tiempo: rayas, marcas o incluso casi desaparición de la imagen deslavada, remitiendo a la vez a lo que fue y a la fuga inevitable del pasado. Como lo subraya Ángel Quintana (2011:43): «Toda huella lleva implícito el trazo de una desaparición». Estas marcas son una metáfora del desvanecimiento no solo de Clara sino también de la memoria de su existencia, memoria que recupera la película.

Estas tomas privadas, destinadas al círculo íntimo de la familia, presentan características que las diferencian de las tomas profesionales. En estas imágenes, se percibe la relación entre el sujeto filmado y la persona que sujeta la cámara, unas relaciones remitiendo muchas veces a la afectividad –seducción de la mujer amada, cariño por los hijos, intimidad de la relación familiar–. Esta doble relación afectiva entre sujeto filmado y sujeto filmante produce un «efecto cámara» muy particular al ser luego asociado con otras tomas por el montaje. De hecho, se trata de un montaje rítmico que crea un efecto coreográfico en sintonía con la pulsación del desfile de las imágenes. El aleteo etéreo de las mujeres que miran al espectador se ve a menudo denunciado por la voz en *off* que subraya la reducción efímera a un objeto del deseo de las muchachas retratadas –una fascinación amorosa y erótica que dejará rápidamente paso al amor paterno– y pone de realce el control interiorizado por el cuerpo femenino desde la infancia frente a la mirada ajena. Gracias a la digitalización,

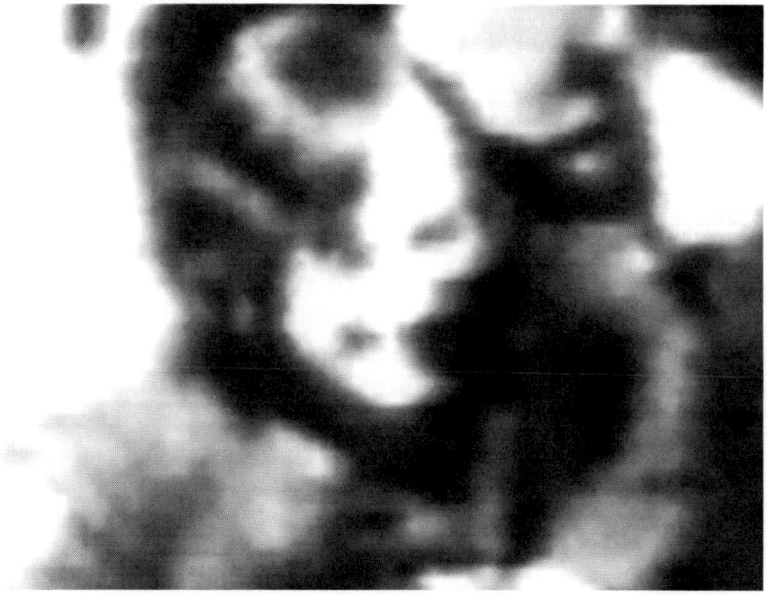

Fig. 5. Pîxeles evidenciados

la directora convierte pues estas tomas sueltas en una obra de arte coherente que más allá de la figura de Clara interroga el destino de las mujeres sometidas a la mirada masculina que las encierra en unos papeles predeterminados. Los reencuadres que insisten en algunos detalles de los planos para subrayarlos ponen también de relieve la reconfiguración perpetua de los códigos de las tomas digitalizadas desvelando la textura digital de la imagen que literalmente va dibujando y desdibujando la figura de la mujer. El medio digital, al reconstruir constantemente las figuras de estas mujeres participa también en la revelación del palimpsesto de las tomas, a partir del puntillismo de los *píxeles*, evidenciados por el montaje.

Desde unos metrajes encontrados o mejor dicho cuidosamente elegidos, la directora construye pues una obra cinematográfica cuya concepción remite a la noción de obra abierta que, según Umberto Eco (1962/1965: 43), propone «una gama de formas apelando a la movilidad de las perspectivas y a la multiplicidad de las interpretaciones» ofreciendo una infinidad de «lecturas posibles». Tal el oleaje del mar, omnipresente en la película, que evoca la muerte y la vida, el olvido y la memoria, la separación y la unión, la pasión y la paz, la pulsación del celuloide resucita la figura de Clara Pueyo Jornet en todas sus contradicciones, matices y riquezas, sinécdoque de una multitud de mujeres anónimas que vivieron, lucharon, sufrieron bajo el yugo de la sociedad patriarcal y fueron olvidadas.

A partir de este material fotoquímico digitalizado, la concepción de la obra y su posterior difusión están estrechamente ligadas a la era digital ya que solo la digitalización de las tomas permitió un larguísimo proceso de montaje cuya perfección coreográfica hubiera sido muy difícilmente alcanzables en otras condiciones y sin financiación. Su difusión y su recepción pública se hicieron por una parte en festivales, proyecciones en salas alternativas y también en la web a través de festivales *on line* y ahora en alquiler en la plataforma *vod* Filmin. Internet constituyó también un medio de comunicación entre Carolina Astudillo y su público –en particular a través de la página Facebook de la película y la de la propia directora–. Sin las nuevas tecnologías la película difícilmente podría haber visto la luz. En definitiva, esta obra híbrida y comprometida que consiguió encontrar un público a pesar de su carácter experimental y de una financiación cuasi inexistente, contribuye a visibilizar a las invisibles y corresponde a las obras valiosas a las que alude Ángel Quintana (2011: 142) cuando afirma: «[...] lo que ha acabado transformando el destino de la historia ha sido siempre el cine de bajo presupuesto. Este cine menor ha actuado como una forma de subversión respecto a las formas imperantes y ha cuestionado los procesos industriales que rodean la creación cinematográfica».

BIBLIOGRAFÍA

ÁLVAREZ, M. (2015), «Viejas imágenes, nuevos dispositivos: más reciclajes de cine doméstico », en FLORENCHIE, A., BRETON, D. (eds.) *Nuevos dispositivos enunciativos en la era intermedial*, Villeurbanne: Éditions Orbis Tertius, pp.201-224.

CHION, M. (1990), *L'audio-vision*, Paris: Armand Colin.

CHION, M. (1995), *La musique au cinéma*, Paris: Fayard.

CHION, M. (2003), *Un art sonore, le cinéma*, Paris: Cahiers du cinéma/Essais.

CUEVAS ÁLVAREZ, E. (2010), «De vuelta a casa. Variaciones del documental realizado con cine doméstico» en CUEVAS ÁLVAREZ, E. (ed.) *La casa abierta. El cine doméstico y sus reciclajes contemporáneos*, Madrid: Ocho y medio / Ayuntamiento de Madrid.

ECO, U. (1962), *L'œuvre ouverte*, Paris: Points.

GÓMEZ VAQUERO, L., GARCÍA LÓPEZ, S. (eds.) (2009), *Piedra, Papel y Tijera. El collage en el cine documental*, Madrid: Ocho y medio / Ayuntamiento de Madrid.

GARCÍA LÓPEZ, S. (2011), «Restos diurnos. Péter Forgács y la ensoñación histórica», Revista *Inicio*, http://www.blogsandocs.com/?p=835

HERNÁNDEZ HOLGADO, F. (2011), *La Prisión Militante. Las cárceles de mujeres franquistas de Barcelona y Madrid (1939-1945)*, http://eprints.ucm.es/13798/

HIRSCH, M. (1997), *Family Frames, photography, narrative and postmemory*, Harvard: Harvard University press.

ODIN, R. (1984), «Le film documentaire, lecture documentarisante» en *Cinéma et réalités* (CIEREC, Travaux nº XLI), Saint-Étienne: Université de Saint-Étienne, pp.263-278.

ODIN, R. (1995), «Le film de famille dans l'institution familiale», en ODIN, R. (dir.), *Le film de famille, usage privé, usage public*, Paris: Meridiens Klincksieck.

ODIN, R. (2008), «El film familiar como documento. Enfoque semiopragmático» CATALÁ, J.M., CERDÁN J. (eds.) *Archivos de la filmoteca, Después de lo real –Volumen II: Periferias y Teorizar desde la praxis.*

PUISSANT, J. (2000), «Le film de famille, composante nécessaire de la mémoire collective» en TOUSSIGNANT N. (ed.), *Le film de famille. Actes de la rencontre autour des inédits tenue à Bruxelles en novembre 2000*, Bruxelles: Publications des Facultés universitaires Saint-Louis, pp.9-15.

QUÍLEZ ESTEVE, L. (2016), «Feminine resistances: The figure of the Republican woman in Carolina Astudillo's documentary cinema», *Catalan journal of Communication & Cultural Studies*, Volume 8, number 1, pp.79-93.

QUINTANA, A. (2011), *Después del cine, Imagen y realidad en la era digital*, Barcelona: Acantilado.

WAHLBERG, M. (2009), «El archivo alternativo en las películas amateur: el *collage* y la huella en "Az Örveny"» en GARCÍA LÓPEZ, S., GÓMEZ VAQUERO, L. *Piedra, Papel y Tijera, El* collage *en el cine documental*, Madrid: Ocho y medio/Ayuntamiento de Madrid, pp.251-274.

WEES, W. C. (1993), *Recycles Images*, New York: Anthology Film Archives.

WEINRICHTER, A. (2009), *Metraje encontrado. La apropiación en el cine documental y experimental*, Pamplona: Festival Punto de Vista y comunidad de Navarra.

El archivo audiovisual como testamento fílmico: *Todo comenzó por el fin* (Luis Ospina, 2015)[1]

Sonia García López

Universidad Carlos III, Madrid

1. Este trabajo ha sido realizado en el marco del proyecto de investigación I+D+I "Las relaciones transnacionales en el cine digital hispanoamericano: los ejes de España, México y Argentina" (CSO2014-52750-P). Ministerio de Economía y Competitividad. Gobierno de España.

Cine o muerte: Filmaremos
Carlos Mayolo (citado por Luis Ospina
en una carta a Andrés Caicedo, 1972)

No amount of mourning will revive the vanished
rituals —erotic, ruminative— of the darkened theater.
Susan Sontag, "The Decay of Cinema", 1996

En cuanto pensé que el cine había muerto, por lo
menos para mí, el video fue la resurrección.
Luis Ospina, "Vini, video, vici. El video como resurrección", 2003

Cuando el siglo XX tocaba a su fin, Susan Sontag se refería, de manera un tanto perentoria, a un fin de ciclo vital, el del cine y, con él, el de la cinefilia (Sontag 1996). Para la autora, que concebía la experiencia cinematográfica como un rapto únicamente posible en una sala oscura, entre extraños anónimos, la posibilidad de proyectar imágenes en cualquier tamaño y en una multiplicidad de superficies había socavado los estándares del cine entendido como arte y como entretenimiento popular. En ese contexto, afirmaba Sontag, "la cinefilia en sí misma se encuentra bajo ataque, como algo extraño, anticuado, *snob*. Porque la cinefilia implica que las películas son experiencias únicas, irrepetibles, mágicas" (Sontag 1996).

No obstante, la llegada de Internet, la multiplicidad de pantallas y la posibilidad de poder ver películas antes inaccesibles gracias a las plataformas de vídeo bajo demanda y otros canales de difusión de alcance global, propiciaron la aparición de nuevas formas de cinefilia que se construyen sobre la posibilidad de ver las películas y escenas favoritas varias veces sin costes adicionales y compartir intereses con otros cinéfilos a través de Internet. Algunos autores, incluso, pareciendo evocar el pensamiento de François Truffaut[2], afirman que la nueva cinefilia apareció antes, con la llegada del vídeo a los hogares (Martin y Rosenbaum 2011: 44; de Valck, Hagener: 2005). Las condiciones de producción y exhibición cinematográfica surgidas con la llegada de la tecnología de vídeo propiciaron de hecho nuevas formas audiovisuales que cuestionaron el cine de alto presupuesto que, según Sontag (1996), abocaba a la desaparición a los productores independientes.

La poética del reciclaje, consolidada en un contexto en el que no solo la imagen en movimiento es ubicua, como planteaba Sontag, sino que también lo son las herramientas que permiten manipularla, fragmentarla y reubicarla en contextos diversos, juega un papel primordial para esa nueva cinefilia cuyos sujetos, por lo demás, no solo son espectadores sino, también, en algunos casos, cineastas. En el ámbito hispanohablante, la obra de Luis Ospina tiende un puente entre la nueva cinefilia, surgida con la tecnología de vídeo y amparada por la tecnología digital, y la vieja cinefilia cuyos rituales se consagraban en la sala de cine. Junto a Andrés Caicedo y Carlos Mayolo, Ospina combinó desde la década de 1970 su labor como cineasta con las de programador, agitador cultural y crítico cinematográfico. La poética del reciclaje y, más tarde, las posibilidades que ofrecía la tecnología del vídeo, se erigieron como dos de los rasgos de estilo más reconocibles de su filmografía, surgida en un contexto como el colombiano, en el que el acceso a los medios de producción de imágenes fue siempre precario.

La dificultad para conseguir una cámara de cine y película para rodar marcó significativamente los comienzos del grupo de Cali –fundado por Caicedo, Mayolo y Ospina– en la realización documental a principios de la década de 1970, así como su marginalidad con respecto al denominado cine oficial. Vale la pena rescatar las palabras de Andrés Caicedo en su reseña sobre la primera película realizada de forma conjunta por Carlos Mayolo y Luis Ospina *Oiga / Vea* (1972), publicada en el primer número de la revista *Ojo al cine*:

> Por inconvenientes fáciles de enumerar (no se consiguió cámara a tiempo, no hubo dinero para comprar película), los cineastas no llegaron a Cali a tiempo y se perdieron el que fue el espectá-

2. Je n'aimerais pas voir pour la première fois un film en vidéo ou à la télévision. On voit d'abord un film en salle. Cinéma et vidéo, c'est effectivement la différence entre un livre qu'on lit et un livre qu'on consulte. Pour moi, comme cinéphile, la vidéo bouleverse ma vie. Prenez *Sérénade à trois* de Lubitsch par exemple: avant, s'il passait quelque part, j'y allais sachant que je devrais attendre peut-être deux ans avant de pouvoir le revoir. Depuis, il m'arrive de visionner trois fois dans la même semaine. Avoir un film en vidéo m'en donne une connaissance plus beaucoup intime. En tant que cinéphile, je suis un fanatique de la vidéo. (Truffaut 1984, en Gavras 2016: 14).

> culo cumbre de los Juegos: el gran acto de inauguración, en el que desfilaron miles de niñas de todos los colegios de la ciudad, formaron figuras y leyendas con el color de sus vestidos y con el ritmo de sus cuerpos.
> No estuvieron allí los cineastas. Llegarían a los tres días y para poder filmar dentro de cualquier estadio se les exigió un permiso oficial, pues ya había entrado en acción un numeroso *crew*, designado para recoger los momentos más patéticos de los Juegos. Era este el llamado Cine Oficial (Caicedo 1974:51).

Por su parte, Luis Ospina reconocía en 2003 las potencialidades que el vídeo ofreció a los cineastas que décadas atrás tuvieron que hacer frente al enorme coste que suponía realizar una película en condiciones estándar, al tiempo que ponía de manifiesto las posibilidades técnicas y expresivas asociadas a este formato audiovisual:

> El video, con sus equipos livianos y sus bajos costos, se me convirtió en algo así como el cine sin dolor. El video vino, vio y venció. (...) Al no estar sujeto solamente al lenguaje cinematográfico (...) pude solucionar una serie de necesidades expresivas. El video me permitía trabajar en una especie de *collage* postmoderno permanente en el cual podía mezclar todos los formatos, incorporar textos y hacer efectos especiales que en el cine tendrían costos prohibitivos (Ospina 2007:73).

Más allá del determinismo tecnológico implícito en las palabras de Ospina, parece indudable que el *collage* y la cita en sus diversas variantes –desde la referencia literaria a la inserción de fragmentos audiovisuales correspondientes a otras películas o documentos claramente identificados– donde el *collage* adquiera carta de ciudadanía constituyen dos de los procedimientos definitorios de la obra audiovisual del director durante las tres últimas décadas, aunque será en *Un tigre de papel* (2007) donde no solo funciona como principio compositivo, sino que constituye la temática misma de la película, que toma como pretexto la vida y obra de Pedro Manrique Figueroa, supuesto precursor del *collage* en Colombia, para recorrer la historia desde 1934 hasta 1981, año de la misteriosa desaparición del artista. Como plantea la sinopsis (Ospina 2009), utilizando la técnica del *collage*, "la película yuxtapone el arte con la política, la verdad con la mentira, el documental con la ficción".

En *Todo comenzó por el fin* (Luis Ospina, 2015), última película del director colombiano hasta la fecha, Ospina abunda en el uso del *collage* no únicamente en tanto que técnica sino también en cuanto categoría estética para realizar un ejercicio de memoria personal y cinematográfica que implica una mirada retrospectiva sobre su propia biografía, pero también sobre el grupo de Cali.[3] El recurso al material de archivo y a la poética del *collage* no sirve tanto en este caso para plantear las fronteras difusas entre realidad y ficción o entre subjetividad y objetividad, sino más bien para ofrecer un retrato individual y a la vez colectivo de Luis Ospina y del Grupo de Cali. Como veremos, en esta película Ospina se inscribe –y se escribe– como autor individual y colectivo a través de la exposición de materiales que corresponden a temporalidades y coyunturas diversas (actuales y de archivo, con distintos formatos de pantalla, a color o en blanco y negro, digitalizados a partir de película en 16 mm o en diversos formatos de vídeo) poniendo en escena la articulación de una identidad cinematográfica que, ante la cercanía de la muerte, se formula a su vez como testamento fílmico.

La mayor parte de la producción teórica sobre el *collage* en tanto que procedimiento empleado por las vanguardias plásticas y audiovisuales desde los albores del siglo XX, enfatiza la dimensión conceptual implícita en las condiciones de producción del *collage* –"si las plumas hacen el plumaje, la cola no hace el *collage*"–, diría Max Ernst (citado por Berthier en García López y Gómez Vaquero 2009:85).[4] Las filiaciones tanto con el pensamiento dialéctico brechtiano como con la poética benjaminiana del fragmento y del desecho que se derivan de esas teorizaciones permiten arrojar luz sobre el uso del montaje y la articulación de la narración en la producción audiovisual reciente de Ospina. No obstante, lo que nos interesa en este enfoque es el modo en que el fragmento

3. Desde esta perspectiva, es interesante notar que entre *Un tigre de papel* y *Todo comenzó por el fin* Luis Ospina únicamente ha realizado otro trabajo: una serie documental para televisión en la que se traza una panorámica por la historia del cine colombiano desde la década de 1970, coincidiendo con los orígenes del Grupo de Cali (*De la ilusión al desconcierto: cine colombiano 1970-1995*, 2007). La serie fue producida por la Fundación Patrimonio Fílmico Colombiano con el apoyo del Fondo para el Desarrollo Cinematográfico.

4. Existe una amplia producción teórica alrededor del *collage*, desde los textos fundacionales de Louis Aragon (1930) y Max Ernst (1934) a los más contemporáneos (Taylor 2006). Para su relación con el montaje son fundamentales los textos de Burger (1997) y Didi-Huberman (2008). Para una aproximación al uso del *collage* en el documental y el cine de vanguardia véase García López y Gómez Vaquero (2009).

(audiovisual) –que es parte constitutiva del procedimiento empleado por el director en *Todo comenzó por el fin*–, se relaciona con la muerte –del cine, del cineasta– por su capacidad para inscribir la temporalidad y, al mismo tiempo, se erige como vehículo indispensable para la cristalización de la memoria autoral por su valor documental. La reflexión realizada por Cecilia Sayad (2013) sobre el concepto de performatividad autoral (*performing authorship*) a partir de *JLG/JLG. Autoportrait de décembre* (Jean-Luc Godard, 1994) y *Les plages d'Agnès* (Agnès Varda, 2008) permitiría establecer interesantes concomitancias entre las citadas películas y el último trabajo de Ospina, pero dicho empeño excede los propósitos de estas páginas. Con todo, no perdamos de vista la articulación de la pregunta sobre el modo en que en esta película se lleva a cabo la inscripción autoral en relación con el archivo y el duelo por la (cercanía de la) muerte del cineasta para plantearnos: ¿Qué forma adquiere la particular relación entre memoria, imagen y archivo en la obra de Luis Ospina? ¿Cuáles son las metáforas que la informan? Y, muy especialmente, ¿qué nos dice esa particular manera de articular la memoria personal y grupal sobre el presente? Volvamos al principio del fin.

TODO COMENZO POR EL FIN

In my end is my beginning. El verso que cierra el poema de T. S. Eliot "East Coker" (1940) planea tanto en el título de *Todo comenzó por el fin* como en la secuencia del pregenérico, que se inicia con la palabra FIN. A continuación, vemos distintas imágenes en blanco y negro de la demolición de un edificio que se intercalan con la misma palabra en distintos alfabetos e idiomas. En todos los casos se trata de planos que anuncian el final de alguna película. La referencia a Eliot se concreta, por cierto, cuando una *voice over* comienza a recitar unos versos del autor de los *Cuatro cuartetos.* Aunque en este caso corresponden al poema "The Hollow Men" (1925), la perspectiva teleológica que recorre "East Coker" se encuentra también aquí presente. Dicen los versos: *This is the way the world ends / This is the way the world ends / This is the way the world ends / Not with a bang but a whimper.* Una fecha y un lugar aparecen a continuación sobre las imágenes del edificio que se derrumba: 21 de julio de 2013, Café de Los Turcos, Cali. Así pues, varias citas cinematográficas en forma de apropiación de créditos finales, una cita culta de la tradición poética anglosajona y la imagen de la demolición de un mítico lugar de reunión de la intelectualidad caleña se erigen como pórtico del que bien puede ser considerado el testamento fílmico de Luis Ospina.

Fig. 1. *Todo comenzó por el fin*

Como veremos, las nociones de archivo, cita y fragmento que estructuran este pregenérico informan el ejercicio de memoria personal y cinematográfica que Ospina lleva a cabo en *Todo comenzó por el fin* y plantean una concepción específica del acto de rememorar que está presente en el conjunto de la obra cinematográfica y audiovisual del director colombiano.[5] Una concepción en la que la cinefilia y la muerte aparecen íntimamente ligadas y en la que, paradójicamente, el fantasma de la muerte del cineasta, y del cine en sí mismo, supone la posibilidad de un nuevo comienzo.

Tras la aparición de los títulos de crédito de *Todo comenzó por el fin* vemos a un personaje que acciona un proyector de cine al tiempo que exclama: "¡Apaguen la luz!, ¡Apaguen la luz!" La breve escena, acreditada como parte del filme *Carne de tu carne* (Carlos Mayolo, 1983) es sucedida, sin solución de continuidad, por una serie de imágenes correspondientes a películas familiares de Ospina con música y sonido de proyector de fondo. La voz del director, presente en los subtítulos, intercala las referencias al pasado familiar y a la experiencia cinematográfica (primero como objeto de las películas filmadas por el padre, más tarde como espectador y finalmente como sujeto que empuña la cámara): "En 1963 Roberto Rossellini declaró que el cine estaba muerto. Ese año yo hice mi primera película [*Vía cerrada*, Luis Ospina, 1963]". En otros casos, se pone de manifiesto el papel que las películas juegan en la restitución

5. Durante el proceso de edición de este texto, Juana Suárez (2017) publicó el texto *Luis Ospina: todo comenzó por el archivo*, en el que realiza un minucioso recorrido por la obra del cineasta colombiano y, más concretamente, por las obras con las que dialoga *Todo comenzó por el fin*. Agradezco a la autora que compartiera conmigo su trabajo.

de los acontecimientos vitales: "No recuerdo nada antes de los cuatro años. Si no fuera por estas películas, yo diría que nunca tuve esa edad". Y sin embargo, la relación entre el cine y la muerte que aparecerá obsesivamente a lo largo de este filme se ubica, en el relato del director, en un momento anterior a sus propios recuerdos y que únicamente la imagen cinematográfica parece poder ratificar: "Aquí estoy yo de dos años y medio en Washington. Me llevaron a operar de una hernia inguinal. Ahí comenzaron mis problemas de salud".

Fig. 2. *Todo comenzó por el fin*

No sabemos qué forma hubiera adoptado esta película, si poco después de comenzar su realización, no le hubieran diagnosticado al director un tumor cuya extracción implicaba un alto riesgo de morir en el curso de la intervención. El caso es que esa circunstancia convirtió al documental en "una película de suspense", en palabras del director, y el retrato del grupo de Cali adquiere el tono de una elegía a ritmo de salsa en la que se convoca tanto a los muertos (Caicedo y Mayolo) como a los sobrevivientes. A lo largo del filme, Ospina se sitúa entre unos y otros, acechado en sus propias carnes por la vecindad de la muerte. Una comida celebrada en casa del director y en la que se reúnen diversos integrantes de la comunidad cinematográfica conocida como *Caliwood* es el hilo con el cual, gracias a la participación colectiva, se tejen cinematográficamente los recuerdos del director. A lo largo de las cerca de tres horas y media de metraje se evocan los orígenes del grupo de Cali con la creación de su mítico Cine Club y la revista *Ojo al cine* fundados por Andrés Caicedo; el traumático recuerdo que su suicidio, a la edad de 25 años, dejó en sus amigos; la experiencia de *Caliwood* en los años '80 y el protagonismo de Carlos Mayolo, auténtica *alma máter* de este grupo.

NO PODEMOS REGRESAR A CASA

El carácter elegíaco que las circunstancias le imprimen al relato –la añoranza de Caicedo y Mayolo y el fantasma de la muerte de Ospina– es reforzado por una serie de estrategias discursivas en las que el archivo audiovisual adquiere una importancia fundamental. En este sentido, la película no solo incorpora una buena parte de los materiales –audiovisuales pero también gráficos y hemerográficos– que integran el archivo Ospina con el fin de poner obstinadamente en imágenes los recuerdos narrados. Al yuxtaponer las imágenes del presente con fragmentos de películas, documentales, filmaciones domésticas en los que los protagonistas de *Todo comenzó por el fin* van apareciendo –y en ocasiones rememorando los mismos acontecimientos– a lo largo de más de cuarenta años, se crea un bucle melancólico que pone en contacto distintas temporalidades, omitiendo espacialmente el lapso que existe entre ellas y, al mismo tiempo, poniendo de manifiesto el abismo temporal que las separa.[6] En unos casos, es el congelado de la imagen lo que sirve también para congelar literalmente la temporalidad, como sucede en determinados momentos en que la llegada de un comensal a la celebración en casa de Ospina es sucedida por el fragmento de alguna filmación en el que la invitada o invitado aparece veinte, treinta, cuarenta años atrás. Mientras que los rótulos con los nombres, apellidos y profesión sirven para identificar social e históricamente desde el presente a los participantes en el documental, estos insertos los inscriben en un plano memorístico y emocional.

En otros casos, la estrategia –aparentemente más convencional– consiste en utilizar el archivo audiovisual como una suerte de "comentario" a las palabras de los participantes en el presente. La redundancia informativa en la que se incurre al incluir esos fragmentos vacía el valor ilustrativo o de ratificación que esos materiales pudieran adquirir, otorgándoles una función nueva que escapa al valor estrictamente documental y que se inscribe, también en este caso, en el plano de las emociones poniendo de manifiesto dos efectos de la temporalidad: la degradación material que conlleva el paso del tiempo y la anticipación de la muerte; por otro, y quizá de manera más sutil, la forma en que el recuerdo cristaliza a base de repetición (de imágenes, de relatos, de otros recuerdos).

6. El título de la sección que precede al epílogo del filme no puede ser, en este sentido, más explícito: "No podemos regresar a casa".

EL ARCHIVO Y LA CITA

En realidad, el empleo de la imagen de archivo propio o ajeno es, como ya se ha comentado, una constante en la filmografía de Ospina, como también lo es la incorporación de documentos gráficos y fragmentos de obras realizadas previamente con un afán retrospectivo: así, por ejemplo, en *Andrés Caicedo: unos pocos buenos amigos* (Luis Ospina, 1986) la reconstrucción de la película perdida de Caicedo y Mayolo *Angelita y Miguel Ángel* [1971] a partir de los materiales restantes sirve como punto de partida para lanzar una mirada retrospectiva sobre la figura de Caicedo en la que, además, se incluye material (sin referenciar) de *Cali: de película* (Luis Ospina y Carlos Mayolo, 1973), de *Angelitos empantanados. Historias para jovencitos* (Andrés Caicedo y Eduardo Carvajal 'La Rata', 1976) y otros filmes del grupo; en *Ojo y vista: peligra la vida del artista* (Luis Ospina, 1987) el director recupera imágenes de *Agarrando pueblo* (Carlos Mayolo y Luis Ospina, 1977) para enmarcar y comentar el reencuentro, diez años después, con el faquir callejero, uno de sus protagonistas; por último, los trabajos dedicados a la historia del cine colombiano que Ospina ha realizado para televisión (fundamentalmente la serie documental *De la ilusión al desconcierto: Cine colombiano 1970-1995*, 2007) recurren también, inevitablemente, a muchos de esos materiales. En resumidas cuentas, la obra audiovisual –y algo similar ocurre con la producción escrita– de Ospina parece ir construyéndose, a partir de fragmentos, como una especie de palimpsesto que contiene siempre las huellas de una escritura anterior, borrada en parte, y en parte presente bajo una nueva forma. Un procedimiento que, por lo demás, no resulta ajeno a los mecanismos en virtud de los cuales se forman los recuerdos: según Charles Fernyhough, estos no constituyen entidades estáticas

Fig. 3. El archivo y la cita

e indivisibles, sino que se parecen más al hábito, al "proceso de reconstruir algo a partir de sus partes, cada vez de una forma parecida, pero sutilmente cambiante, siempre que la ocasión lo requiera" (Fernyhough 2013:14).

Junto a esas estrategias de representación que tienen que ver con la memoria personal o colectiva, aparecen, especialmente en la producción reciente del director colombiano, otros usos de la cita y el archivo que se relacionan con un trabajo de visibilidad en el campo social –tal y como Nelly Richard entiende este concepto–, operado por parte de las instituciones culturales colombianas respecto al Grupo de Cali y, más concretamente, con respecto a la obra de Luis Ospina. De acuerdo con la óptica planteada por Richard desde las ciencias sociales y la crítica cultural, visibilidad y representación son las estrategias mediante las cuales las prácticas críticas desmontan el supuesto ideológico de la trasparencia, la ilusión de que los códigos de construcción del canon o de la legitimidad de determinados discursos culturales son abstractos, neutros e indeterminados. En consecuencia,

> al hablar de 'visibilidad', nos referimos a cómo ciertas figuras adquieren presencia, destacan sobre otras y predominan en un determinado campo de visión social. Y 'representación' es la operación de usar los códigos de signos para construir efectos de presencia y de significación, Richard (1994:106).

Desde este punto de vista, la estrecha conexión entre memoria y archivo no solo atraviesa la obra audiovisual de Ospina, sino que, en los últimos años, la ha desbordado para adquirir una dimensión verdaderamente transmedia en la que se dan cita documentos personales, publicaciones y otros materiales recogidos en la página web www.luisospina.com. El proyecto centraliza el trabajo de "intervención, catalogación e investigación" del "Archivo audiovisual y documental de Luis Ospina" (Ospina 2009) emprendido en 2009 con el apoyo de la Dirección de Cinematografía del Ministerio de Cultura y la Fundación Patrimonio Fílmico Colombiano. En ese trabajo de recuperación adquiere una importancia fundamental el empleo de las nuevas tecnologías y, más concretamente, la posibilidad de digitalizar materiales (en jpg, pdf o en archivos de vídeo) y ponerlos a disposición pública a través de Internet, no solo en la página web, sino también mediante una intensa actividad en las redes sociales y en plataformas de difusión audiovisual (YouTube, Vimeo); estrategia que el texto de presentación del archivo pone de manifiesto al plantear que el equipo de trabajo ha buscado:

> Ampliar los canales de comunicación con nuevas audiencias (...) a través de una fuerte estrategia de divulgación a través de internet y redes sociales. Todas estas acciones [implican] valorar el rol del archivo como un agente activo en la reconstrucción de procesos históricos de carácter crítico sobre las artes, la cultura o la política en Colombia [y de] las fuentes primarias (...) en la reactivación de la memoria del cine (...), dando pie a nuevas preguntas sobre lo que no se ha escrito de la historia del cine nacional (Ospina 2009).

El archivo Luis Ospina constituye, desde esta perspectiva, un punto de encuentro entre el trabajo de recolección y reelaboración de su propia producción –que el director ha llevado a cabo prácticamente desde que se inició en el oficio del cine– y las instituciones cinematográficas colombianas que, en un momento dado, abogaron por "ampliar –a través de un juicioso proceso de clasificación, catalogación y divulgación– las potencialidades discursivas que una trayectoria como la del director caleño amerita" (Ospina 2009). La confluencia del ejercicio personal y la recuperación institucional deviene, en este sentido, un interesante lugar desde el que interrogarse sobre la confluencia de ciertos discursos audiovisuales contemporáneos sobre la memoria personal con las estrategias institucionales de creación de un canon de cine nacional, especialmente cuando se trata de prácticas fílmicas que tradicionalmente se situaron, como se señaló al comienzo de este escrito, en los márgenes del "cine oficial". En el caso que nos ocupa, la confluencia de un discurso audiovisual que gira en torno a la memoria personal y las estrategias institucionales para la creación de un nuevo canon de cine nacional son claves fundamentales a la hora de entender la cultura audiovisual "como el escenario de las mediaciones simbólico-institucionales donde códigos e identidades traman interactivamente significaciones, valores y poderes" (Richard 1994:87).[7] Preciso es añadir que el archivo Luis Ospina no se centra únicamente en el legado del director, sino que integra los materiales dispersos de la producción cinematográfica (escrita y / o audiovisual) de Andrés Caicedo y Carlos Mayolo, por lo que el ejercicio de memoria personal y grupal realizado por Ospina en *Todo comenzó por el fin* se encuentra en plena sintonía con las mencionadas estrategias de creación de un canon.

7. Esta es la manera en que Nelly Richard formula la idea de la revalorización cultural en un contexto democrático, en su caso el chileno.

Fig. 4. Sitio web de Luis Ospina

Desde este punto de vista, se observa en *Todo comenzó por el fin* un mayor afán que en otras películas por identificar a través de título, director y año cada uno de los filmes cuyos fragmentos el director va intercalando con las imágenes del presente. El empleo autoconsciente de la cita en el documental[8] que nos ocupa tiene el doble efecto de inscribir los recuerdos en un marco espaciotemporal preciso y otorgar un nuevo régimen de visibilidad al legado de Ospina de cara al público general (quizá esas "nuevas generaciones" a las que se refiere el texto de presentación del archivo del director). Es así como la operación memorística que lleva a cabo Luis Ospina en *Todo comenzó por el fin* define su régimen de enunciabilidad, para emplear las palabras de Foucault, identificando –de manera paradójica y a un tiempo reveladora– la memoria personal con el archivo en vías de institucionalización.

En consecuencia, el archivo audiovisual se articula en la película como metáfora de la memoria en el sentido en que Lior Zylberman caracteriza ese

8. Únicamente escapan a este afán documentador las filmaciones domésticas y las "películas huérfanas" que el director emplea en ocasiones para construir secuencias de montaje sobre el insomnio o la enfermedad que ha padecido.

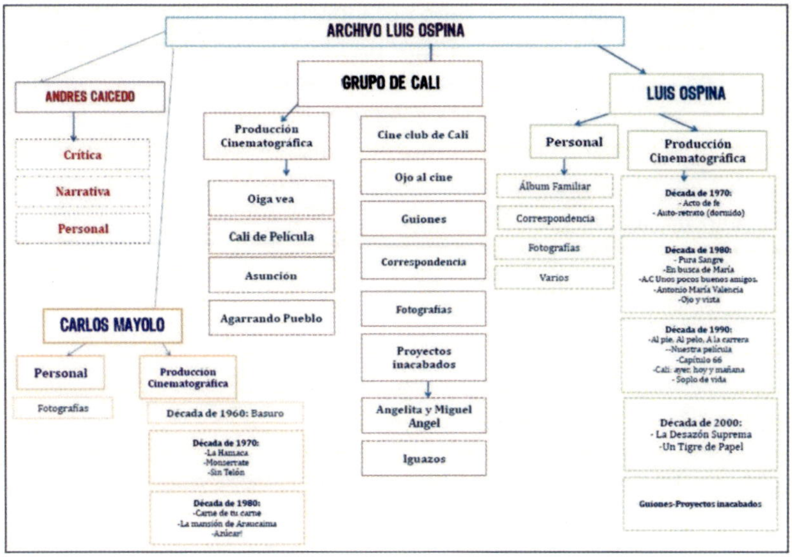

Fig. 5. El archivo Luis Ospina

concepto en el contexto digital, en el que nuevos formatos de guardado y prácticas de conservación crean la ilusión de "poder guardarlo todo". Para el autor, la metáfora del archivo se estructura a partir de aquella que concibe el cerebro humano como una computadora capaz de almacenar y recuperar (proyectar, reproducir) recuerdos, a pesar de la problemática que plantea el hecho de que "el sistema neuronal, a diferencia del de la computadora, es radicalmente indeterminado" (2013:87). Adicionalmente, Zylberman plantea que el archivo se refiere también a una distribución social del conocimiento operada por profesionales, expertos responsables de su "protección y la salvaguarda de contenidos, inventarios, etc., e incluso su restauración" y afirma que

> si aceptamos al archivo como metáfora de memoria, podríamos decir que quien controla los archivos controla la memoria. Por lo tanto, aquellas instituciones que controlan archivos poseen un poder sobre el pasado (2013:89).

La idea del archivo audiovisual como testamento fílmico, tal y como se materializa en *Todo comenzó por el fin,* cobra un sentido social de acuerdo con esta doble concepción del archivo como metáfora de la memoria y como lugar de almacenamiento controlado por individuos e instituciones que intervienen sobre el pasado. Si con *Un tigre de papel* Ospina tematizó el procedimiento del *collage* al plantear la historia de Pedro Manrique Figueroa, en *Todo comenzó por el fin* dramatiza la estrecha y ambivalente relación entre la memoria y la muerte desde la que en estos tiempos de saturación audiovisual se piensan los sujetos, cuya identidad ya es casi imposible concebir sin la existencia de las imágenes.

BIBLIOGRAFÍA

ARAGON, L. (1930), *La Peinture au Defi: Expositions de collages,* Paris: José Corti.

ARBELÁEZ, R. *et al*, eds. (2011), *OIGA / VEA. Sonidos e imágenes de Luis Ospina,* Cali: Universidad del Valle.

BÜRGER, P. (1997), *Teoría de la vanguardia,* Barcelona: Península.

CAICEDO, A. (1974), "Oiga / Vea", *Ojo al cine* nº 1, pp.51-55.

DE VALCK, M. y HAGENER, M., eds. (2005), *Cinephilia: movies, love and memory,* Amsterdam University Press.

DIDI-HUBERMAN, G. (2008), *Cuando las imágenes toman posición,* Madrid: Machado Libros.

ERNST, M. (1934), *Une Semaine de bonté,* Berlin: Gerhardt.

FERNYHOUGH, C. (2013), *Destellos de luz. La nueva ciencia de la memoria,* Barcelona: Ariel.

GARCÍA LÓPEZ, S. y GÓMEZ VAQUERO, L. (2009), *Piedra, papel y tijera. El collage en el cine documental,* Madrid: Ocho y medio / Textos Documenta.

GAVRAS, F. (2016), *La part du spectateur: Essai de philosophie à propos du cinéma,* Lille: Presses Universitaires du Septentrion.

MARTIN, A. y ROSENBAUM, J., eds. (2011), *Mutaciones del cine contemporáneo,* Madrid: Errata Naturae.

OSPINA, L. (2007a), *Andrés Caicedo: cartas de un cinéfilo, 1971-1973,* Bogotá: Cinemateca Distrital.

OSPINA, L. (2007b), *Palabras al viento. Mis sobras completas,* Madrid: Aguilar.

OSPINA, L. (2009), *Luis Ospina* (web oficial), http://www.luisospina.com/

RICHARD, N. (1994), *La Insubordinación de los Signos (cambio político, transformaciones culturales y poéticas de crisis),* Santiago: Cuarto Propio.

SAYAD, C. (2013), *Performing authorship. Self-inscription and Corporeality in the Cinema,* London / New YorK: I. B. Tauris.

SONTAG, S. (1996), "The decay of cinema." *New York Times Magazine* 25.11, 25 de febrero (traducción al castellano de Álvaro Bretal en *Détour,* http://diarios.detour.es/alrededor-del-numero-dos/la-decadencia-del-cine-por-susan-sontag-2.

SUÁREZ, J. (2017), *Luis Ospina: todo comenzó por el archivo. Cuadernos23 nº 8.* La internacional cinematográfica, Iberocine S.A.

TAYLOR, B. (2006), *Collage. The Making of Modern Art,* London: Thames&Hudson.

ZYLBERMAN, Lior (2013), "Memoria, imaginación, archivo. Una aproximación a las metáforas de la memoria", *Revista Pléyade* nº 11, enero-junio, pp.83-96.

Zacateco, Iván Ávila (2010), entre Historia e historias gracias al HD

Véronique Pugibet

Université Paris-Sorbonne

En plena era de creación cinematográfica casi totalmente digital, *Zacateco*[1] es un documental mexicano de montaje que gracias a la HD combina alternativamente como lo veremos más adelante, soporte digital y archivos de formato fotoquímico. Por otra parte, el trabajo de Ávila ilustra a nuestro parecer una forma de cine de "resistencia" gracias al cual hace visible la Historia, al captar la memoria visual de Zacatecas de donde es oriundo, recorriendo el tiempo y uniendo el pasado lejano y cercano con el presente.

El proyecto del documental surgió a raíz de la celebración del bicentenario de la Independencia mexicana y del centenario de la Revolución mexicana. El 2010 era según el director un momento histórico propicio y necesario para reflexionar frente a un país víctima de violencias, miedos y tensiones por la cuestión del crimen organizado y el narcotráfico que ya habían provocado muchas muertes. Por supuesto, a diferencia de épocas anteriores (Independencia y Revolución), no todos los ciudadanos estaban involucrados. Su intención era presentar una visión distinta y más extensa que las simples conmemoraciones oficiales. De hecho, la idea inicial no era realizar un documental sino un proyecto escénico con una Filarmónica, danza, así como también una reflexión histórica y no forzosamente con un soporte audiovisual. Optaron finalmente por esta última dimensión menos efímera y más acotada con la orquesta. De manera que Horacio Uribe escribió la partitura específicamente para la película.

La dimensión histórica está omnipresente en el film. Según el director, el film es "un recuento visual sobre la memoria común de los habitantes de Zacatecas [...] a través de lo contemporáneo [...y] se centra en el registro de la vida cotidiana de la región, cómo es hoy en 2010 el zacatecano común".[2] Su trabajo pertenece al género documental según el enfoque de Josep M. Català y Josetxo Cerdán:

1. *Zacateco* (Iván Ávila, 2010, México), producción de 85 minutos realizada en formato de Alta definición (HD).
2. http://www.informador.com.mx/cultura/2010/229555/6/la-historia-de-zacatecas-narrada-a-traves-de-un-documental.htm

> El cine documental, ese cine justamente denominado de lo real, trabaja, pues, con materiales extraídos directamente del mundo histórico, en ese sentido, podemos decir que trabaja el mundo hecho imagen. (2007-2008: 10)

Zacateco cultiva, por otra parte, una dimensión estética y poética propia, logrando ser un ensayo documental, "la cinematografía documental es más un arte que una crónica informativa" (Bill Nichols, 2008: 37).

Dado que el documental incluye archivos, es importante tomar en cuenta a Baron (Jaimie Baron, 2012) para quien hasta ahora *found footage* remitía tradicionalmente a rollos de films encontrados (calle, basura, mercadillos) a diferencia de "archival footage" para archivos fiables. Baron estima que la apropiación de documentos de archivos oficiales y de *found-footage* para filmar una película propia, parece borrar la distinción tradicional entre ambos soportes. Asimismo, propone el concepto de "foundness" como elemento constituyente de todo tipo de archivo. Por otra parte, considera fundamental el papel del espectador en reconocer el archivo como "found". Es lo que Baron llama el "archive effect" (2012: 10). Percibimos un *footage* como archivo cuando por ejemplo se yuxtaponen en el montaje diferentes extractos de un lugar o personajes en momentos distintos, entre blanco y negro y color. El contraste provoca en el espectador una sensación de discrepancia temporal produciendo para Baron (2012:109), no solamente el "archive *effect*" sino también el "archive *affect*".

> I am calling for a reconceptualization of the "appropriation film" as not merely the manner and matter of the text but also as a matter of reception, dependent on the effects the film produces, namely, what I refer to as the "archive affect."

Por otra parte, distingue tres temporalidades en las películas de apropiación (2012:109) como se observa en *Zacateco*

> Thus, there are always at least three temporalities at work in appropriation films: the "then" of the archival footage, the "now" of the production of the appropriation film, and the "now" of watching the appropriation film.

Entonces, ¿qué relación mantiene *Zacateco* con el soporte digital y cuál es la aportación e influencia de este? Y es que en *Zacateco* la seducción de la imagen fotoquímica parece dominar a ratos, borrando la técnica digital ¿o será lo contrario? ¿Qué aporta cada uno? ¿Qué papel cumple la HD en esta nueva porosidad visual? Para responder a estas preguntas, empezaremos presentando el proceso de filmación para pasar después a estudiar la porosidad visual entre imagen fotoquímica y soporte digital.

EL PROCESO DE FILMACIÓN

En un primer tiempo, el director conceptualizó los ejes generales del proceso histórico del Estado de Zacatecas, elaborando capítulos por periodos históricos. De esta manera la escritura del guion aborda cinco periodos de entre unos 20 minutos cada uno: "Pueblos originarios" (época precolombina de la que quedan pocas huellas en comparación con otras partes de la República empezando en 2010 A.C.); "La ocupación" (la colonización); "La lucha" (la Independencia y el auge del porfiriato, la Revolución –apenas unos 11 minutos cuando justamente en el 2010 se celebraba el bicentenario–); "La construcción" (época post revolucionaria y contemporánea; finalmente "2010". Así que *Zacateco* recorre unos 4020 años en 85 minutos permitiendo reconstruir una historia y una memoria. Cabe notar que los intitulados de los capítulos muestran claramente la posición ideológica del director. Estos rótulos recuerdan el cine mudo y le permiten introducir referencias temporales.

A nivel formal, la narración se apoya en algunos textos de la "Historia oficial" leídos en *off* por Joaquín Cosío. Así por ejemplo para la época precolombina, o sea el inicio del documental, se escucha la "Leyenda del Quinto sol", citado por Fray Bernardino de Sahagún, luego una Carta de Nuño de Guzmán –particularmente cruel para con los indígenas–, y en cuanto al inicio de la Independencia un texto de José María Cos.[3] Para la Revolución, se escucha un discurso de Francisco I. Madero, (Puebla 1911) seguido por "Zozobra" en *El retorno maléfico* de Ramón López Velarde.[4] Al ser los únicos "textos" (voz en *off*) presentes a lo largo del documental, se refuerza el papel de la imagen y obviamente el de la banda de sonido (la música en particular).

3. *Plan de Paz Y Guerra*, 16 de marzo de 1812. http://www.biblioteca.tv/artman2/publish/1812_113/Plan_de_paz_y_guerra_Manifiesto_del_doctor_don_Jos_136_printer.shtml 20 abril 2017

4. Poeta zacatecano –Jerez–, 1888-1921.

El director se preocupa por presentar las historias y memorias de los habitantes y ya no solamente ofrecer la Historia y la memoria oficiales tal como se suelen enseñar, según Nora (Pierre Nora, 1997). Contempla así la Historia desde las microhistorias. La búsqueda del origen recalcado en la vida cotidiana de Zacatecas es también otra inquietud constante suya, así no separa los capítulos en épocas herméticas. Al contrario, gracias a una hábil estructura narrativa y mediante el montaje, los cuestiona mostrando constantemente la continuidad y permanencia del pasado en la vida ordinaria de los zacatecanos a través de actividades tradicionales como pueden serlo la elaboración de la cerámica, la siembra y cosecha del maíz, tunas y nopales, luego la minería o elaboración del mezcal.

Ahora bien, ¿con qué material de ahora podía pretender contar el pasado sin una "cabeza parlante"? A falta de testimonio oral, los archivos y otros recursos visuales suplirían el papel de la memoria. En un primer tiempo serán las pinturas rupestres, cerámicas alternando con pirámides en mal estado o "piedras" –señales del paso del tiempo, la violencia de la Ocupación, la negligencia del gobierno respecto del patrimonio–. A continuación, para la época de la colonia, seguirán códices, grabados, pinturas coloniales. Posteriormente a finales del siglo XIX y principios del XX, los registros a los que pudo recurrir fueron la fotografía y luego el cine. En efecto *El cerro de la Bufa* (1911) es la primera película sobre Zacatecas, así como los archivos de la revolución de los hermanos Alva entre los cuales la toma de Zacatecas (1914) que marcaría la derrota de Huerta por Villa. En cuanto al periodo postrevolucionario, acudió a los registros familiares, de formato más personal (fotografías, filmes). Para eso, aprovechó el material fílmico amateur y familiar de la gente de Zacatecas en el marco del programa "Archivo Memoria". En efecto, el Instituto de la cultura estatal de Zacatecas que a su vez coordina el Instituto municipal de la cultura con una logística eficaz, lanzó una convocatoria a todos los municipios para saber quién poseía películas filmadas. De esta manera tuvieron acceso a *found footage,* pertenecientes a colecciones de cine familiar. De hecho, la gente tenía material arrumbado en sus casas y a veces en muy malas condiciones ya que al surgir las primeras cámaras video, empezaron a escasear los proyectores para el formato Súper 8 que hasta en los años '80 había dominado. Unos especialistas les ayudaron a ubicar los lugares filmados. Finalmente, el director pudo sacar provecho de los fondos fílmicos de su propia familia[5] al igual que Armando López su coescritor.

5. Filmar era la afición de su padre.

¿Qué aporta trabajar hoy día con este tipo de material? El director[6] considera que le ofrecía la posibilidad de acceder a materiales antiguos y descubrir cómo se filmaba en otra época, también le era importante poner en circulación estos archivos "ocultos o invisibles" y gracias a estos filmes caseros de la vida cotidiana, poder así entender cómo era México en aquel tiempo.

Ávila desenvuelve un largo friso cronológico con fechas y lugares, mediante generalmente planos breves que van conformando una especie de mosaico a lo largo del film y que revelan parte del trabajo del equipo fílmico: recorrieron el Estado dividido en zonas filmando todo lo que fuera posible. El procedimiento técnico (y ahí entra el papel de la digitalización) le permitiría redistribuir las tomas en los diferentes capítulos. Inscribe el friso (fechas y acontecimientos o firma de la voz en *off* mediante inserciones de rótulos) en la pantalla, estableciendo idas y vueltas hacia estos mismos espacios a través del tiempo reforzando sin cesar así la idea de continuidad. Mediante esta táctica puede eliminar la voz en *off* que suele comentar imágenes en los documentales clásicos cumpliendo una función didáctica. Sin embargo, los textos además de informar (nombres de pueblos, minas, haciendas o calles...) desempeñan este mismo papel demostrativo con fines didácticos.

LA POROSIDAD ENTRE IMAGEN FOTOQUÍMICA Y SOPORTE DIGITAL

En efecto en plena era digital, el director ha filmado en negativo algunas tomas (paisajes o actividades tradicionales insistiendo en su continuidad actual) con una cámara Bolex 16mm de manivela, mecánica, con motor de cuerda. De esta manera se inscribía en un proceso bastante clásico y a contracorriente a primera vista. Sin embargo, este mismo material negativo viajaba luego de Zacatecas a la ciudad de México para ser revelado y transformado (blanco y negro o color según el caso), después era transferido a vídeo digital, y finalmente luego de ahí lo mandaban a Guadalajara para la edición. De forma que el director combinaba dos procedimientos: filmar primero en cine analógico para luego digitalizar el resultado.

En consecuencia, el producto digitalizado (en blanco y negro o a color) ofrece a menudo impresiones de negativos gastados, con rayas, un poco borrosos incluso a veces o de un film que salta y puede provocar cierta confusión para el espectador quien no sabe a ratos si lo que está mirando se remonta a

6. PUGIBET, V. (16/05/2016), Entrevista a Iván Ávila Dueñas.

hace años o siglos, si es *archival footage* o ¿qué realidad está presenciando a final de cuentas? ¿No estará el director manipulando a su público de esta manera? ¿Cuál es su intención? Ciertamente pretende recrear y darle una apariencia de tiempo remoto, por ejemplo, para aquellas culturas cuyas huellas visuales son escasas o para compensar la ausencia de films y fotos. De forma que se "crean e inventan o recrean y reinventan" un sustituto de *found footage* mediante el recurso fotoquímico. Por otra parte, le permite recalcar así una clara continuidad entre pasado y presente (gestos ancestrales, costumbres, actividades que perduran, viviendas tradicionales, etc.) ya que filma alternativamente en negativo o en HD. [fig. 1 y fig. 2]

Figs 1 y 2. Continuidad entre pasado y presente

En cuanto a la filmación digital *stricto sensu*, ofrece una calidad de imagen mucho más nítida que su negativo o que los archivos y la diferencia salta a la vista en seguida ya que en el montaje contrastan constante y potentemente.

La música cumplió un papel fundamental en este proceso ya que se hizo al mismo tiempo o incluso a veces antes del rodaje, además, formaba parte del proyecto inicial mencionado antes. Uno de los objetivos fue evitar los lugares comunes musicales, encontrar otro lenguaje que no fuese folclórico. En ese sentido la música sinfónica le pareció una buena alternativa ya que no existen partituras de la música de la época precolombina ni registros a ciencia cierta de instrumentos prehispánicos o de la colonia. Solo en el siglo XIX se manifiesta y empieza a recopilar la música popular en Zacatecas. También optaron por una música muy de referencia ocasionalmente, únicamente para marcar ritmos en el montaje.

1. Archivos de profesionales vs archivos de "aficionados"

Existe un material fotoquímico primordial en el documental: por una parte, los documentos más oficiales "hechos por profesionales" de factura clásica (archivos históricos, sean films o fotografías de ciudades, momentos claves, lugares específicos, retratos en estudio etc.) y por otra, los films familiares (tomando en cuenta la penetración tardía de las cámaras ligeras que va a revelar la representación social de su uso, así como lo que se consideraba digno de ser fotografiado). Al respecto, afirma Roger Odin (2007-2008: 206)

> El reportaje [los films y fotos de profesionales en nuestro caso] documenta las conmociones históricas, los conflictos sociales, lo escandaloso o lo sensacional —es decir, precisamente todo aquello de lo que no habla el film familiar—, por el contrario, no nos dice nada, en general, sobre "lo que pasa cada día y lo que se repite cada día, lo banal, lo cotidiano.

Y justamente es lo que los *found footage* familiares revelan en el film, a diferencia de los archivos más oficiales. Los archivos fotoquímicos históricos en sí, son minoritarios y comienzan a partir de la Revolución, época de la llegada del film y la fotografía. El director alterna en su montaje los escasos archivos profesionales fílmicos y fotográficos (testigos de la expansión urbanística o del modo de vida) con los retratos de anónimos muy abundantes hechos por fotógrafos profesionales. Articula su montaje siguiendo la lógica de la cronología temporal.

En cuanto a los *found footage* familiares, parece también fundamental tomar en cuenta la afirmación de Odin, (válida para las fotos en nuestro caso): "el film familiar no apela al *modo de lectura documentalizante*, sino al modo de *lectura privado"* (2007-2008: 201). Según él, el film familiar no se inscribe en un proceso de *comunicación*, sino en un doble proceso de *rememoración*: un proceso de rememoración *colectiva* y un proceso de rememoración *individual*. De manera que, al extraerlos del registro familiar cuya función es cumplir con una lectura privada con sus códigos específicos, el director nos expone a "su" lectura *documentalizante*, que nos invita a compartir.

También recuerda Odin que

> No hay nada, de hecho, que se parezca tanto a un film familiar como otro film familiar. [...] De un film familiar a otro, volvemos a encontrar las mismas ceremonias rituales (boda, nacimiento, comida de familia, entrega de regalos, etc.), las mismas escenas cotidianas (bebé en brazos de su madre, bebé bañado, etc.), las mismas secuencias de vacaciones (juegos de playa, paseo de montaña, etc.). Ante semejante repetición de imágenes, el cansancio se apodera a veces del que mira estos films. (2007-2008:203)

Y concluye: "cada imagen es una condensación, una *cristalización* de cientos, de miles de imágenes análogas". (2007-2008: 204)

Ahora bien, ¿qué función cumplen estos documentos y en qué consisten?

Los primeros retratos del montaje se realizaron en estudios de profesionales, y por lo tanto fuera de todo contexto (los rotuladores indican la época) en Blanco y Negro o sepia, y son bastante tradicionales: señoras posando, sentadas, hombres de pie con la mano apoyada sobre el respaldo de una silla, solemnes. Así, desfila velozmente la alta sociedad zacatecana anónima, alternando con fotos en exterior: vistas urbanas, gente en la calle, haciendas y sus propietarios, dejando lugar a fotografías de campesinos y mineros (creando incluso un contraste cómico por el desfase brutal entre bienestar y miseria). Todos estos documentos llevan un pie de foto comprobando su archivación[7], a diferencia de la burguesía identificada por el estudio fotográfico en el que tra-

7. Fondo de la Fototeca Pedro Valtierra.

bajaba el fotógrafo, quien de esta manera firma como artista. Esta sociedad parece estática e infinitamente repetida, ajena a toda realidad. El director denuncia de paso la situación de explotación insertando además rótulos en estos planos "1908 207 familias controlan el poder económico en Zacatecas. Cerca del 80% gana 15 centavos al día" etc. De este modo introduce la Revolución (justificándola o por lo menos explicándola) mediante distintas fotos (entre las cuales una de Fierro con Villa, Ortega, Medina; soldados despojando cadáveres de sus armas; ruinas y destrucciones; muertos etc.) [fig. 3]. Estas muestras foto-

Figs 3. Revolución, foto Aguilar

químicas (casi de reportaje[8]) remiten al imaginario de la revolución mexicana o forman parte de él ya que participaron de su difusión. Gracias a la filmación fueron luego digitalizadas. El breve y primer film de "archivo histórico" conocido presenta a Villa y sus tropas[9] caminando junto a un tren en Zacatecas.

8. Aguilar o Robles.
9. TC: 40:48.

Veamos un tipo de montaje característico realizado gracias a la digitalización. Combina el film digital con la apropiación de un extracto tecnicolor digitalizado posteriormente. Se escucha en *off* el ideal de la Revolución (voz en *off* de la secuencia final de *Juana Gallo*) pero en lugar de las imágenes de origen, la cámara digital ofrece imágenes muy nítidas de hoy mostrando claramente (en el sentido propio y figurado) el desfase entre la aspiración de la Revolución y su realidad 100 años después [fig. 4]. Esta *mise en abîme* es reforzada en las últimas imágenes con la inserción del final de *Juana Gallo* provocando un efecto cómico, ya que María Félix se seca unas lágrimas, alejándose a caballo.[10] El director se complace así no solamente en ofrecer contrastes entre imágenes sino también en oponer la banda de sonido y las imágenes.

Figs 4. 100 después de la revolución

La etapa de La Construcción inicia con un film muy corto del pueblo de El Sombrerete 1931 (primer film local), aldea también filmada con cámara digital destacando así el contraste y la continuidad, le siguen otros brevísimos *found footage* de la vida cotidiana: bailes, reinas de belleza etc. o sea, mo-

10. Miguel Zacarías, (1961), en *off*: "Muchos moriremos en esta revolución para que un día cada campesino tenga una parcela suya, para que se levanten escuelas, universidades, donde los niños y los jóvenes desarrollen sus cuerpos y sus espíritus. Para que se abran caminos y carreteras y se construyan presas, se multipliquen las industrias y crezcan las ciudades. Para que en el ancho suelo que cubre nuestra bandera cada uno tenga la libertad y la esperanza y la libertad de ser algo, de ser alguien".

mentos codificados. Los montajes son rápidos (lo que no deja de recordar el cine mudo) derramando suspiros melancólicos y nostálgicos.

Los primeros films familiares aparecen en "Los 40" y ofrecen unas imágenes que de alguna manera se irán repitiendo con escasas diferencias a través de unos lugares emblemáticos (La Bufa, La Catedral, el acueducto...), de unas familias de la burguesía bien vestidas de paseo por Zacatecas. Son escenas estereotipadas (salidas domingueras, familias) en lugares claves de Zacatecas. El director monta estos *found footage* para elaborar su narración fílmica, alejándolos de su función inicial. En efecto, "the found image not only points to a previous production context but also to a previous intended context of use and reception" (Baron 2012: 111). Los primeros films familiares también se caracterizan por la sonrisa omnipresente de todos los sujetos. Las escenas estereotipadas reflejan vidas sin problemas ni conflictos, como lo analiza Odin:

> Un film familiar tiene prohibido representar todo lo que pueda chocar o simplemente molestar (lo íntimo), todo lo que pueda sacarte de una visión optimista de la vida familiar (la enfermedad, el sufrimiento, la miseria), todo lo que pueda amenazar la representación ideal de la familia (las discusiones de pareja, los conflictos generacionales, los dramas familiares, etc.). En suma, el film familiar construye una visión eufórica de la vida familiar. (Odin 2007-2008: 205)

Notemos que quien filma en aquella época es el marido (comprobando los trabajos de Bourdieu, 1965) y otra peculiaridad de esos films es su baja calidad ya que suelen ser mal encuadrados y movidos. Tienen un uso claramente doméstico y cobran sentido en el ámbito familiar cualquiera sea su calidad.

Estos primeros films dispersos y fragmentados, ya que no existe relación entre ellos, dejan lugar a una nueva narración puesto que el director va a inventar y tejer nuevas historias más íntimas del pasado, al penetrar la cámara en interiores mediante un largo hilo narrativo, filmado en negativo revelando un comedor tradicional con viejas fotos, manteles de encaje, espejos. Sugiere que ahí cualquiera de los retratados del montaje (siempre formales y en estudio), podría vivir y por eso en esta secuencia alternan tomas de interiores con distintos retratos. El paso del tiempo es sugerido también mediante fotos caracterizadas por la indumentaria, los gestos y los ademanes. Así desfilan fotos de charro, jugador de béisbol, mujeres elegantes, una mujer de tipo indígena. El tiempo parece detenido, estancado.

A partir de los '60, empiezan a ser más numerosos los films de aficionados, siguen retratando lugares emblemáticos de la ciudad, así como la vida cotidiana en ella. El director reanuda su hilo narrativo temporal a partir de fotos de boda en estudio, vinculándolas con unos films de bodas en Santo Domingo, mal encuadrados, que constituyen el testimonio y recuerdo íntimo del acontecimiento. Al no ser gente conocida por el espectador, adquieren un valor social antropológico distanciado de manera que nos fijamos en la clase social, los modales, la moda, la ropa etc. Estos extractos le servirán de pretexto al director para llevarnos a entrever cómo a raíz del matrimonio van ampliándose las familias (cualquieras) a través de rituales y marcadores temporales. [FIG. 5] En

Figs 5. Familia posando ritualmente en un estudio fotográfico

efecto, la cámara continúa con una filmación en interior enfocada hacia una recámara con cama matrimonial evocando a los novios y gracias a un *racord* sonoro de las campanas de la Iglesia, enlaza de inmediato con una serie de retratos de parejas seguidos por recién nacidos y bebés, luego niños junto a su pastel de cumpleaños, posadas, retratos de familias enteras, primera comunión, quinceañera etc. Estas fotos de rituales y momentos claves permiten inmortalizar un instante valioso, detenerlo en el tiempo (BARTHES: 1980). Siguen siendo únicamente fotos de profesionales. ¿Será que la vulgarización de la fotografía con la apropiación de cámaras Eastman Kodak es más tardía y la mala calidad en aquellos años? ¿O es que a su padre le daba solo por filmar y no dejó fotos familiares? También muestra que en aquel entonces la solemnidad del instante fotográfico, gracias a la posa en un estudio, le ganaba a la improvisación. A cambio, justamente en los films familiares, si los eventos son estereotipados, notamos que se "inventan" para muchos la manera de moverse y presentarse ante la cámara.

Los *found footage* de los años '70 son de factura clásica respecto de los eventos filmados (procesión de mineros, carreras de autos, etc.), pero existe otro material muy valioso, el de los años '80 que da testimonio de la lucha del efímero Frente popular a través de sus múltiples marchas.

2. El trabajo del equipo fílmico

La ventaja del digital en el proceso de creación, por otra parte, ha sido abaratar ciertos costos de manera considerable que permitió un trabajo rápido ya que la película se hizo en nueves meses. Muchas cosas se elaboraron en la computadora como el trabajo de animación por ejemplo para la época de la Ocupación, a partir de grabados en tercera dimensión. Además, trabajaban entre cuatro ciudades (Zacatecas, DF, Guadalajara y Morelia). Gracias a Internet, pudieron aprovechar la simultaneidad ofrecida por la red (por ejemplo, Google drive, Skype etc.) manteniendo así un contacto constante y una organización eficaz.[11]

El sonidista venía de la Ciudad de México y hacía la investigación sonora en Zacatecas (campo o ciudad) paralelamente a lo que se capturaba en imágenes. No había toma directa de sonido a causa de la calidad mediocre ofrecida por la cámara digital[12] a juicio del director. Sin embargo, el sonidista procesaba el sonido en directo, siempre y cuando fuese necesario y rescatable. Así que, globalmente prevaleció el diseño sonoro encima del sonido de origen suponiendo un trabajo *a posteriori* de creación para la edición en la computadora. A diferencia de lo que se suele afirmar respecto del documentalista quien "solo registra la verdad y nada más que la verdad", en *Zacateco* el sonidista juega con una amplia gama de sonidos alejándose claramente de una simple reproducción de lo real. Y obviamente, esta ilustración sonora de los *found footage* se puede cuestionar a nivel ético como lo hace Paul Arthur (2007-2008:

11. Era indispensable una logística con Data mano, discos duros de respaldo...
12. Formato OMF.

170). (13) En efecto la selección de sonidos orienta la lectura del público. No obstante, siempre conserva un toque de veracidad ya que se inspira de la realidad fiable, aunque la amplifique e incluso la distorsione (aprovechando para eso la computadora).

CONCLUSIÓN

El director se empeña en valorar y poner de realce de manera didáctica la historia en base a perspectivas visuales. Sin embargo, en este documental no se hace de manera clásica, ya que no recurre ni a testimonios verbales ni a una voz en *off*. La música es la que lleva la batuta de la narración fílmica y eso se hizo posible gracias a la era de la digitalización, que permitió un trabajo desmaterializado y deslocalizado en cuatro ciudades a la vez y a través del Estado de Zacatecas.

Lo que pudo rescatar como material (*found footage* o no), pone en evidencia eventos sociales, rituales, ciclos de la vida etc. Pero a través de estas fotos "convencionales" de gente anónima, el espectador se identifica, ya que provocan empatía. En efecto, existe una relación afectiva especial entre las imágenes y el espectador, el "archive affect" de Baron y como afirma Odin

> Las imágenes tejen con el espectador una relación afectiva especial: el que las ha filmado es alguien como yo; así que estas imágenes son también un poco mías: yo podría haberlas filmado también; me hablan de gente como yo... Esta relación imprime a las imágenes de estos films un poder de seducción y de atracción, una magia que las distingue radicalmente de las imágenes de los reportajes o de los documentales tradicionales: las veo con otros ojos. (2007-2008: 210-211)

13. Refiriéndose a *Unforgivable Blackness* (2004) de Burns, afirma Arthur: "En una situación como esta, los sonidos que se escogen para acompañar a las secuencias sí que importan. La decisión de no dejar ni un solo fotograma mudo a pesar de no tener sonidos "apropiados" pone a Burns en un brete, ya que toma *de facto* resoluciones editoriales que influyen directamente en el modo en el que el espectador percibe el hecho proyectado. Esa adición sonora, aparentemente insignificante, actúa como una postura interpretativa que poco tiene que ver con la denotación en el sentido más estricto del término".

Y a la vez, para el espectador, como señala Baron, (2012: 113) "the very fact of the recontextualization of the found document in an appropriation film creates the opportunity for multiple readings of that document".

A cambio de su contribución, los participantes recibieron un DVD con sus films o fotos y se les propuso dejar los originales en la Fototeca Valtierra para una conservación óptima. A lo largo de este proceso, colaboraron en el rescate de la memoria y en la construcción del patrimonio estatal, revalorizándolo conscientemente. El film permitió resguardar la memoria de Zacatecas hasta el 2010, recopilándola visualmente. Son microhistorias tradicionalmente invisibles a las que el director dio una coherencia, participando así de la elaboración de su identidad propia. El equipo dejó más de 4000 pies de película 16mm en negativo y digital, los *found footage* familiares recopilados en unos discos duros cuya duración se puede estimar a solamente unos diez años; este material está a disposición de cualquiera. Todo esto ha posible gracias a la digitalización.

BIBLIOGRAFÍA

ARTHUR, P. (octubre / febrero 2008), «En busca de los archivos perdidos», *Archivos de la Filmoteca*, pp.160-175.

BARON, J. (2012), «The Archive Effect: Archival Footage as an Experience of Reception» en *Projections*, vol.6, pp.102-120.

BARTHES, R. (1980), *La chambre claire Note sur la photographie*, Paris: Cahiers du cinéma, Gallimard Seuil.

BOURDIEU, P., BOLTANSKI, L., CASTEL, R. et CHAMBOREDON, J-C., (1965), *Un art moyen. Essai sur les usages sociaux de la photographie*, Paris: Minuit.

CATALÁ, J. M. y CERDÁN, J. (octubre 2007 / febrero 2008), «Después de lo real. Pensar las formas del documental, hoy», *Archivos de la filmoteca*, fascículo I, nº 57-58, pp.6-25.

CHANAN, M. (octubre 2007 / febrero 2008), «El documental y el espacio público», *Archivos de la filmoteca*. fascículo I, nº 57-58, pp.68-99.

NICHOLS, B. (octubre 2007 / febrero 2008), «Cuestiones de ética y cine documental», *Archivos de la filmoteca*, fascículo I, nº 57-58, pp.29-45.

NORA, P. (1997), *Les lieux de mémoire*, Paris: Gallimard.

ODIN, R. (octubre 2007 / febrero 2008), «El film familiar como documento. Enfoque semioprágmatico», *Archivos de la Filmoteca*, fascículo I, nº 57-58, pp.196-217.

PLANTINGA, C. (octubre 2007 / febrero 2008), «Caracterización y ética en el género documental», *Archivos de la Filmoteca*, fascículo I, nº 57-58, pp.46-67.

La intermedialidad entre cine y cómic en la era digital: el caso español

Jordi Revert

Universitat de València

La consolidación de la tecnología digital en el cine en las distintas fases de producción ha propiciado no solo una transformación en los soportes sino también en la naturaleza de la imagen cinematográfica. Esta se ha tornado progresivamente voluble y ha permitido un grado de manipulación que a la fuerza ha cambiado no solo el modo de generar imágenes, sino también la manera de plantearlas e incluso de pensarlas. Con dichos procesos, asimismo, ha cambiado la forma en que la imagen cinematográfica se relaciona con otros medios y se definen los puntos de encuentro intermediales.

Cine y cómic han compartido, en sus paralelas formaciones, un profundo arraigo en la imagen que los aproxima entre sí, pero que a su vez marca, a través de los procesos en los que esas imágenes se constituyen como mensaje/relato, importantes diferencias ontológicas. En el lenguaje verbo-icónico del cómic operan diversos procesos de significación que abarcan desde la concentración de sentido a la fragmentación, de la síntesis a la dilatación de lo narrado. De esta manera, resulta arduo equiparar la narrativa estructurada en viñetas del cómic con el montaje cinematográfico, y por tanto trasladar los modos de narrar del primero al segundo. Este ha sido uno de tantos obstáculos que ha impedido, al menos hasta el advenimiento de la era digital, una proliferación notable de obras y autores interesados en trascender las meras correspondencias clásicas de la adaptación. Con esa instauración de la tecnología digital, nuevas voces han aparecido para superar esas barreras y proponer un diálogo entre medios que se refrenda en recursos múltiples, a saber la directa evocación de viñetas en la pantalla, el uso de bocadillos y/u onomatopeyas, la ralentización o congelación de la imagen, el plano secuencia digital, la técnica de captura de movimientos o la animación en tres dimensiones. Dichas herramientas han permitido en los últimos quince años una oleada de adaptaciones que perfilaban su lógica visual con respecto a las viñetas en las que se basaban, estableciendo así aproximaciones más literales pero también más libres en sus posibilidades expresivas. Baste citar como ejemplos *300* (Zack Snyder, 2006) o *Watchmen* (Snyder, 2009), películas que maximizaban el carácter plástico de la imagen y organizaban la puesta en escena para reforzar lazos referenciales con el cómic original. En ellas opera una estrategia no solo de fidelidad narrativa, sino incluso de mímesis de la imagen que busca tender puentes entre ambos medios y establecer citas que el espectador también lector puede detectar fácilmente.

Esto, evidentemente, ha tenido como resultado una transformación tanto en los modos de producción y la canalización de las sensibilidades creadoras que llevan asociadas como en la forma de consumo por parte del espectador. Hasta el estreno de *Superman* (Richard Donner, 1978), el cómic era contemplado mayoritariamente por la industria audiovisual como material propicio para narrativas seriadas y de presupuestos asequibles para los estudios. Dicho de otro modo, el modelo de adaptación que establecería el serial cinematográfico, unido a la general condescendencia hacia el cómic como un entretenimiento menor, infantil, mantendría durante muchos años sus traducciones a la pantalla en el territorio de las producciones de bajo perfil –muchas de ellas para televisión–. Ni que decir tiene, la película de Richard Donner cambió esa mirada hacia el cómic y propició un nuevo modelo en el que la industria por fin se mostraba consciente de las posibilidades de los personajes surgidos de las viñetas. Grandes presupuestos, actores de primera línea de Hollywood y una concepción mercadotécnica que permitiera la explotación de numerosos artículos relacionados con la película –estrategia reafirmada tras el mayúsculo éxito de *La guerra de las galaxias* (*Star Wars*, George Lucas, 1977)– fueron los pilares de esa nueva superproducción que en lo estrictamente artístico se limitaba a tomar los rasgos y personajes esenciales del cómic para armar su propio relato. Desde entonces, la distancia entre la sensibilidad del artista de cómic y el director que adapta no ha dejado de estrecharse o ampliarse según la naturaleza y genealogía de cada uno de los proyectos basados en historias gráficas que surgirían en las décadas siguientes. Lo que sí quedó claro es que autores como Tim Burton, en *Batman* (1989) y *Batman vuelve* (*Batman Returns*, 1992), demostraron una mayor voluntad de acercamiento a las claves estéticas que grandes firmas del cómic como Alan Moore o Frank Miller habían desempeñado. Por ello, el acaecimiento del cine digital y el alto grado de manipulación de la imagen que este conlleva ha supuesto el siguiente gran paso en esa evolución y ha permitido la consolidación de un espectro de posibles relaciones adaptadoras en el que cabe la infidelidad y divergencia total respecto a la fuente –*La Liga de los Hombres Extraordinarios* (*The League of the Extraordinary Gentlemen*, Stephen Norrington, 2003)–, la adaptación mimética y prácticamente literal –*Sin City: Ciudad del pecado* (*Sin City*, Frank Miller, Robert Rodríguez y Quentin Tarantino, 2005)– y la libre que sin embargo adopta elementos que evocan la lectura del medio gráfico –*Hulk* (Ang Lee, 2003), *Scott Pilgrim contra el mundo* (*Scott Pilgrim vs. The World*, Edgar Wright,

2010)–. En el panorama actual pueden encontrarse ejemplos para las tres vías, si bien se ha impuesto un modo mayoritario de adaptación que no es otro que el instaurado por Marvel desde 2008: la ambiciosa creación de un universo cinematográfico y televisivo de adaptaciones sobre los personajes de la editorial en el que estos interactúan y cruzan sus caminos dentro de un descomunal paraguas de narrativas paralelas y convergentes. En ese universo se detecta una incuestionable libertad respecto al cómic, pero también un deseo eventual por corresponderse estéticamente a este y una voluntad por recuperar grandes hitos narrativos de los célebres personajes. Así las cosas, hoy esas sinergias industriales han favorecido un éxito que tanto recoge a avezados lectores que rastrean guiños y subrelatos conocidos en las imágenes como a un público familiar no instruido en el cómic, pero atraído por el diseño *mainstream* de la propuesta y alentado por un *merchandising* omnipresente. Los contundentes números recogidos en taquilla por películas como *Los Vengadores* (*The Avengers*, Joss Whedon, 2012) no dejan lugar a dudas sobre el funcionamiento de la fórmula y su recorrido en el futuro.

En España, y debido en parte a razones estructurales de la industria, no ha existido esa preponderancia de la adaptación, pero sí intentos aislados por embarcarse en ese diálogo intermedial. Quizá sea el caso del realizador Javier Fesser el más comprometido con esa experimentación visual, como denotan sus adaptaciones sobre los cómics de Mortadelo y Filemón, de Francisco Ibáñez. En ellas, lo digital habilita una imagen enormemente plástica y heredera del *cartoon* como vía para acercarse a las viñetas del cómic, cuando no es la animación 3D la que permite reproducir las narrativas frenéticas y el humor *slapstick* de la obra original. El presente trabajo pretende estudiar estos y otros ejemplos dentro del cine español para comprobar el uso de herramientas digitales con el fin de establecer interrelaciones entre ambos medios. Así, el objetivo primero será realizar un breve estudio del origen y desarrollo del cómic español en paralelo al desarrollo de la industria cinematográfica, para verificar si existe una relación significativa entre ambas industrias que resulte en una tradición de intermedialidad. A tenor seguido, y en caso de encontrar un modelo consolidado de adaptación cinematográfica sobre el cómic español, se comprobará si este se ha transformado con la implementación de herramientas digitales que modifican de manera decisiva los procesos de producción y post-producción.

EL COMIC COMO PRODUCTO CULTURAL EN LA SOCIEDAD DE MASAS

En origen, el cómic se constituye como un medio vinculado al entretenimiento de las masas. Está, por lo tanto, ligado a un contexto que no puede ser eludido en sus implicaciones, pues estas determinan toda una serie de relaciones con el público en un periodo de intensas transformaciones sociales. A este respecto, Ana Merino, ha relacionado su surgimiento con la crisis de los grandes relatos que Jean François Lyotard detectaba en la post-modernidad:

> He elegido el cómic para definir esas modernidades periféricas del mundo hispánico porque a mi juicio tiene dimensiones narrativas que anuncian la descomposición de los grandes relatos que destaca Jean François Lyotard en *La condición postmoderna* (...) Destaca cómo la cultura postmoderna y postindustrial del mundo contemporáneo plantea la legitimación del saber en diferentes términos, porque el gran relato pierde su credibilidad (...) Los cómics anuncian la postmodernidad sin dejar de ser modernos, surgen en un espacio genuinamente moderno pero, al ser rechazados por la cultura letrada, se vuelven marginales y desde allí construyen sus propios relatos. Sus protagonistas son héroes de papel que no pretenden perdurar en la historia pero que, sin embargo, describen la sociedad en la que se insertan y dialogan con la cultura de masas arrastrando a su vez muchos aspectos de las narrativas populares. Los cómics son un tipo de relato gráfico que legitima un saber no desde una dimensión ideológica de representación masiva y popular. (Merino, 2003: 10-11)

Así pues, los cómics se inscriben en esa sociedad de masas de una manera decisiva. Santos Zunzunegui, en su libro *Pensar la imagen*, afirma que no se puede hablar del cómic sin considerar los medios de masas (Zunzunegui, 1989: 121). Diego Mollá (Mollá, 2010 y 2013) ha estudiado su nacimiento en relación directa con el *pulp*, el cual tendría gran influencia en los primeros formatos periódicos del cómic, el *daily* y la *Sunday*, los cuales a su vez serían determinantes en la posterior aparición de los seriales cinematográficos, que supondrían durante muchos años el principal modelo de adaptación. En el efervescente nacimiento de una cultura para la sociedad de masas, el cómic siempre se identificó como género popular vinculado a un entretenimiento de consumo rápido, alejado de las ambiciosas pretensiones de la novela decimonónica y definido primero en la concisión de las tiras en los periódicos para más tarde evolucionar hacia una serialidad que encontró su inspiración en el formato del folletín. Sería en esa serie de trasvases progresivamente consolidados donde el cine encontraría, primero a través de los *cartoon* y de los seriales cinematográficos, una valiosa fuente para la adaptación, estableciendo una sólida relación entre medios que ha experimentado intensas transformaciones a lo largo del último siglo.

EL CASO ESPAÑOL: CONDICIONES PREVIAS PARA UNA POSIBLE INTERMEDIALIDAD

En España las relaciones entre ambas industrias no han disfrutado de la misma evolución y tampoco puede analizarse del mismo modo que el caso norteamericano. El caso español se ve claramente marcado por la Guerra Civil y por la dictadura de Francisco Franco, episodios que traerían una tremebunda crisis y un largo periodo en el que el clima ideológico y la preponderancia de otros géneros populares relegarían al cómic al segundo o tercer plano. Si nos retrotraemos a los orígenes, Antonio Martín sitúa las primeras historietas en la revista *El Mundo Cómico*, de 1873. En el número 22 del 30 de marzo de 1873 aparece una historia a doble página en diecisiete viñetas sin recuadrar con los textos de diálogo a pie, que se propone como una crítica a la mala calidad de los cigarros (Martín, 2000: 214). Sin embargo, es en la década de 1880 cuando el cómic se consolida como objeto cultural dentro de los medios de consumo y entretenimiento. Dos autores fueron capitales en ese surgimiento: Apel·les Mestres, en Barcelona, y Mecachis, en Madrid, «abren la puerta al uso común y a la educación regular de la historieta», dotándola «de gran parte de sus recursos expresivos y, prácticamente, la *inventan* en toda su modernidad en España» (Martín. 2000: 218). Este tipo de publicaciones se irán consolidando en revistas satíricas y suplementos infantiles, como es el caso de *En Patufet*.

En 1916 y 1917 surgen respectivamente *Charlot* y *TBO*, las dos revistas que consolidarán el cómic en España –el nombre de la segunda, de hecho, serviría para rebautizar la historieta nacional como *tebeo*–. Esa consolidación, según Merino (Merino, 2003: 100) tiene lugar en la década de los '30. Las revistas no solo incluyen creaciones de dibujantes nacionales, sino que revistas como *Yumbo* (1934) introducen páginas de personajes importados que hacían fortuna entre el público fuera de España, como por ejemplo Tarzán, inicialmente surgido de las novelas *pulp* de Edgar Rice Burroughs y convertido después en celebridad de las viñetas. Durante la guerra, las revistas sirven como vehículos ideológicos para los intereses de ambos bandos –*Pocholo* y *Pionero rojo*, por ejemplo, apoyan gráficamente al bando republicano con historietas como *El pueblo en armas*, de Antonio Martín–. Tras el conflicto, se da una situación de represión ideológica hacia aquellos artistas/ilustradores que no habían trabajado para el bando sublevado. En ese contexto, se consolidan al menos dos vías en la posguerra. Por un lado, las historietas de corte franquista, rebajen o no el tono fascista. En este apartado encontramos obras que apuestan por retratos cotidianos con un humor sencillo y sin transgresiones en el que sin embargo mora un fuerte poso conservador, como por ejemplo el cómic familiar de *La familia Ulises* de Benejan, tradicionalmente publicado en *TBO*. De otro, el cómic costumbrista que emerge de la mano de Bruguera con personajes como Carpanta, Petra, la familia Cebolleta, y artistas como Escobar y Vázquez. Esta última tradición lindaba con líneas subversivas respecto a los valores que se habían impuesto, con personajes como Carpanta, que ofrecían una representación apenas disimulada de las condiciones de hambre y pobreza en las que se encontraba parte de la población española. Este cómic se abre paso en un contexto difícil en el que se enfrentará constantemente a la censura, a pesar de lo cual no renuncia a una producción ingente que ayudará a consolidar su público.

DE LA VIÑETA AL FOTOGRAMA

En Estados Unidos, la relación entre cómic y cine pronto estaría determinada por un fluido trasvase que convertiría al primero en fuente regular a la que el segundo acudiría. En España, sin embargo, esa relación no solo no ha llegado a consolidarse, sino que las primeras adaptaciones llegaron muy tarde, revelando el estatus menor que el medio mantenía. El cine español que trajo la posguerra prefirió beber de géneros populares y sus diversas ramificaciones –caso de la zarzuela o el cuplé–, cuando no se entregaba a una exaltación nacional y defensa de los valores de la dictadura a través de la épica histórica –*Alba de América* (1951), de Juan de Orduña–. Aunque una mirada atenta nos revelaría conatos de un cine dispuesto a subvertir tímidamente esas formas y discurso dominantes –el primer Luis García Berlanga desde la comedia, la influencia neorrealista en Juan Antonio Bardem o la irreverencia y originalidad de Edgar Neville en títulos como *La torre de los siete jorobados* (1944) y *La vida en un hilo* (1945)–, el cine se mantendría dentro de unas líneas maestras acordes al clima hermético de la época. No sería hasta el desarrollismo que ese cine encontraría grietas para introducir miradas más afiladas y críticas con el régimen, bien representadas en el Berlanga de *Plácido* (1961) y *El verdugo* (1963) o en el Marco Ferreri de *El pisito* (1959), ambos con Rafael Azcona como guionista. Sin embargo, los vínculos con la industria del cómic siguen siendo prácticamente inexistentes en este periodo y solo comenzarán a darse hacia finales de los años '60. En ese momento aparece la figura de Rafael Vara, que resultará determinante a la hora de hablar de los trasvases de un medio a otro. En aquella década la animación había comenzado a abrirse paso con figuras como Cruz Delgado o José Luis Moro como incursores notables en el formato. Vara había iniciado su carrera como caricaturista en revistas como *Teresa*, *Dígame* y *Bazar*, y en 1959 había fundado los Estudios Vara (Candel, 1990: 120). Durante la primera mitad de los '60 los estudios consagran su producción a la publicidad y al documental, hasta que el animador Amaro Carretero sugiere a Vara llevar a cabo adaptaciones de los cómics de *Mortadelo y Filemón*, de Francisco Ibáñez. Gracias al apoyo de Luis Luca de Tena, el estudio llega a un acuerdo con el dibujante y en 1966 concluyen su primer cortometraje animado sobre los personajes de Ibáñez, *Mortadelo y Filemón, agencia de información* (Rafael Vara, 1966), al que seguirán otros cortos que serán recopilados en *Primer festival de Mortadelo y Filemón, agencia de información* (Vara, 1969), *Segundo festival de Mortadelo y Filemón, agencia de información* (Vara, 1970) y *El armario del tiempo* (Vara, 1971). En esos primeros trabajos Vara reproduce constantes de las historietas gráficas, con líneas argumentales recurrentes en las viñetas o *gags* que se repiten a partir de la capacidad camaleónica de Mortadelo o la propensión a recibir golpes de Filemón. Aunque no existe un intento de corresponderse estrictamente a la fuente, sí que existe un proceso de extracción de elementos esenciales del cómic que pueden reproducir su espíritu, así como una proximidad del formato –del dibujo al dibujo animado– que se propone como la lógica prolongación del original a su versión audiovisual. Más de dos décadas después, ente 1994 y 1995, Ediciones B y Antena 3 pondría en marcha *Mortadelo y Filemón* (Antena 3: 1994-1995), nueva serie animada en este caso reforzando la relación con los cómics con una adaptación más estrecha: a lo largo de dos temporadas de 13 capítulos cada una, la serie trasladaría a la pantalla algunos de los álbumes más célebres de los agentes en un formato predeterminado de 25 minutos, ejerciendo una labor de síntesis narrativa con un ojo puesto en el original y consolidando en cada entrega el rico universo de secundarios de la T.I.A. (Técnicos de Investigación Aeroterráquea), organización para la que trabajan los personajes y que no había hecho aparición en la primera etapa animada, en la que estos actuaban de forma independiente –Ibáñez había creado la T.I.A. en *El sulfato atómico*, primera historieta larga de Mortadelo y Filemón publicada en 1969–.

En los años '80 y '90, el cine se fija tímidamente en el cómic y se dan las primeras adaptaciones más allá de la animación, pese a lo cual la consolidación de una tradición de trasvases regulares de un medio a otro queda bastante lejos. José Escobar, firma importante dentro del costumbrismo de Bruguera, vería cómo dos de sus personajes más emblemáticos eran trasladados a la pantalla en *Las aventuras de Zipi y Zape* (Enrique Guevara, 1982). La adaptación, en este caso, cambia el relato corto de una o pocas páginas por una historia de largo recorrido que minimiza las travesuras de los gemelos y los embarca en una aventura por encontrar a un amigo desaparecido. A pesar de que ni la historia se sitúa en las coordenadas temáticas de los cómics ni los intersticios musicales incorporados tienen algo que ver con aquellos, Guevara propone detalles en la puesta en escena que revelan su consciencia de la fuente, a saber el subrayado del color, de los rasgos de los personajes en busca de una mímesis con los originales o unas interpretaciones tendentes al histrionismo. Curiosamente, dos décadas más tarde la animación será de nuevo la vía escogida para interpretar las viñetas, en *Las monstruosas aventuras de Zipi y Zape* (Claudio Biern Boyd, 2005), pero eliminando definitivamente el espíritu crítico/costumbrista del autor y actualizando a sus protagonistas para un público exclusivamente infantil. Algo hacia lo que también apuntarán, ya en la era digital, las dos adaptaciones de Oskar Santos, *Zipi y Zape y el club de la canica* (Santos, 2013) [fig. 1] y *Zipi y Zape y la Isla del Capitán* (Santos, 2016) en su fórmula familiar.

Fig. 1. Zipi y Zape y el club de la canica

Por último, en los '90 la tradición de las revistas satíricas encuentra su hueco en varias comedias. Es el caso de películas como *Makinavaja, el último choriso* (Manuel Salvador, 1992), su secuela *¡¡Semos peligrosos!! (uséase Makinavaja 2)* (Carlos Suárez, 1993) o *Historias de la puta mili* (Manel Esteban, 1994), adaptaciones de las viñetas de Ivà para *El jueves* que buscan principalmente una traslación de su esencia crítica o sus personajes antes que una fidelidad mayor que parece improbable dado el breve formato de las historietas. En 1999 José Luis Feito y Carlos Varela optaban por la vía animada en *Goomer* (Feito y Varela, 1999), adaptación del personaje de Nacho Moreno y Ricardo Martínez para *El pequeño País* y *El jueves*, más alejado de la crítica socio-política.

HOMENAJE, REIVINDICACION Y REINVENCION EN LA ERA DIGITAL: ELOGIO DE BRUGUERA

En suma, hacia finales de los '90 las adaptaciones cinematográficas de obras gráficas eran espontáneas intentonas que en ningún caso consolidaban una tendencia y que confirmaban el estatus aún menor del cómic. En ese momento la tecnología digital ya era una herramienta habitual para los grandes estudios de Hollywood pero algo cuya implementación a una escala importante parecía quedar aún lejos en el cine español. En este contexto, sin embargo, surge con fuerza la figura de Javier Fesser. Desde sus primeros cortometrajes, *El secdleto de la tlompeta* (1996) y *Aquel Ritmillo* (1996), Fesser forja una caligrafía propia que demuestra una sensibilidad por el *cartoon* y una gran plasticidad de la imagen en la línea de cineastas como Jean-Pierre Jeunet y Marc Caro o los hermanos Coen. Para ello, los efectos digitales se demuestran un elemento fundamental que determina la factura visual que encontrará continuidad en sus largometrajes. Tras su debut *El milagro de P. Tinto* (Fesser, 1998), suerte de tebeo audiovisual entre la ciencia-ficción y el costumbrismo, Fesser decide abordar la primera gran adaptación cinematográfica de Mortadelo y Filemón, *La gran aventura de Mortadelo y Filemón* (Fesser, 2003). En esta ambiciosa producción, el director opta por adaptar el original con acción real y actores, desdeñando la animación como vía de adaptación y empleando la caracterización, la puesta en escena y la manipulación digital para conseguir un alto grado de evocación e incluso mímesis respecto a los cómics de Ibáñez. La película no se basa en ningún álbum en concreto pero desarrolla una línea argumental similar a la de *El sulfato atómico*, primera aventura larga de los personajes, y despliega una amplia gama de efectos de humor basado en el *slapstick*, con golpes y persecuciones sin fin, y la recurrente incompetencia de sus protagonistas como *leitmotiv* cómico. Propone, además, un universo visualmente plástico y fiel al cómic, en el que se busca en los personajes y los escenarios la mayor semejanza posible. Por ejemplo, la elección del desconocido Benito Pocino como Mortadelo se basa en un sorprendente parecido físico que también es posible encontrar en Mariano Venancio respecto al Superintendente Vicente o Emilio Gavira respecto a Rompetechos –personaje independiente dentro de la obra de Ibáñez, pero eventualmente anexo a las aventuras de los agentes de la T.I.A.–. En cuanto a los escenarios, basta comprobar la fidelidad con la que se reproduce el edificio de la T.I.A. o el de 13 Rue del Percebe, escenario de las célebres páginas de Ibáñez sobre un vecindario en el que cada apartamento muestra un *gag* distinto al lector. Personajes como Rompetechos o apariciones como la del 13 Rue del Percebe –que más tarde el propio realizador volverá a utilizar en un anuncio para La Casera [fig. 2]– hablan de la devoción de Fesser hacia todo el abanico creativo de Ibáñez más allá de sus personajes más famosos y hacia la era Bruguera, decisiva no solo como parte de la formación cultural de los niños españoles sino también como autorretrato de un país.

Fig. 2. 13 Rue del Percebe

En la producción de *La gran aventura de Mortadelo y Filemón* el desarrollo digital marca una gran parte del desarrollo creativo, hasta el punto de determinar su piel visual. En la película se incluyen más de 400 planos digitales, lo que marca una media de un efecto digital cada dos planos. Pero si cabe más significativo es el proceso que se da en la postproducción: el escaneado de cerca de 150.000 fotogramas en alta resolución a los que posteriormente se les añadió color, de esta manera buscando una intensidad cromática más cercana a la de los cómics. Esta labor nos remite a la reflexión de Àngel Quintana según la cual la manipulación digital y las técnicas primitivas encontrarían una relación mucho más estrecha de lo que podría parecer:

> El teórico de la imagen Lev Manovich piensa que, como irrupción de una imagen que puede ser reelaborada, el cine digital representa un regreso a las prácticas manuales del cine primitivo, cuando los fotogramas de las películas de Georges Méliès eran coloreados a mano (Quintana, 2011: 76).

Este conjunto de procesos y recursos se emplea aquí con el objetivo de conseguir una fidelidad que en múltiples escenas replican las viñetas originales. Es el caso, por ejemplo, de la escena en la que los dos protagonistas son presentados. Estos aparecen durmiendo en dos camas en una habitación de su apartamento. De repente, la pared sobre la cabecera de la cama de Mortadelo (Pocino) se abre y de ella sale un aparatoso despertador que empieza a sonar, mientras que arriba de la de Filemón (Pepe Viyuela) surge un no menos aparatoso martillo que acto seguido arremete con un fuerte golpe sobre su cabeza. En este caso la imagen del martillo cayendo sobre el desafortunado personaje se puede encontrar idéntica en el cómic *Safari callejero*, tercera historieta larga de Mortadelo y Filemón publicada por Ibáñez entre 1969 y 1970. Sin embargo, tanto el *gag* –este o similar– como el *gadget* en sí mismo se convertirán en una constante a lo largo de décadas de aventuras gráficas, por lo que se torna un elemento altamente reconocible para cualquier lector conocedor de los cómics [fig. 3]. Esta relación entre elementos persistentes en el papel y su reproducción en la imagen es lo que define, con el refuerzo de la tecnología digital, una intermedialidad más sólida que la que hasta entonces

Fig. 3. Reproducción fílmica de un gag de Mortadelo y Filemón

habían encontrado las adaptaciones cinematográficas españolas sobre historietas gráficas.

El éxito de la película de Fesser llevó a la productora On Pictures –división cinematográfica del Grupo Zeta–, a impulsar la secuela *Mortadelo y Filemón. Misión: salvar la Tierra* (Miguel Bardem, 2008), de la que Fesser se desvinculó para dar paso en la dirección a Miguel Bardem. Edu Soto sustituía a Benito Pocino en el papel de Mortadelo y el argumento de nuevo combinaba distintas líneas argumentales, aquí de *El caso del bacalao, El señor Todoquisque* o *Chapeau el 'esmirriau'*. Aunque la ausencia de Fesser se deja notar en una articulación más torpe de los elementos cómicos habituales, lo cierto es que esta continuación toma como referente su precedente a la hora de definir plásticamente el universo de Ibáñez. De nuevo la manipulación digital es crucial para esa definición que se detecta incluso en la gestualidad de los personajes: en una de las primeras secuencias vemos al Superintendente Vicente (Mariano Venancio) hablando por teléfono con la JONU –siglas que aluden, desde la intención cómica, a la ONU– mientras hace reverencias, movimiento acelerado que se hace posible gracias a la intervención en postproducción y que replica uno de los gestos recurrentes del personaje en los cómics [fig. 4]. Poco después Fesser vuelve a tomar las riendas de los personajes en un nuevo proyecto que a la vez apuesta por explorar por la vía de la animación 3D estereoscópica: *Mortadelo y Filemón contra Jimmy el Cachondo* (Fesser, 2014). En su nueva aproximación, el director toma como extremos el dibujo de Ibáñez y los actores caracterizados que dieron vida a los protagonistas en *La gran aventura de Mortadelo y Filemón*, y utiliza la animación como técnica para perfilar una forma intermedia entre estos. Los personajes, pues, se hacen inmediatamente reconocibles pero gozan de nuevos matices expresivos para desenvolverse en su contexto animado. Esto ciertamente altera el modelo de intermedialidad planteado en las dos anteriores producciones: en todos los casos la manipulación digital es clave para acercar la imagen en movimiento a la gráfica, pero los resultados expresivos se disponen como opciones diversas que, no obstante, no dejan de inspirar su fidelidad en la réplica de gestos, *gags* o escenas recurrentes en los cómics [fig. 5].

Al margen de los esfuerzos de Fesser y Bardem en las tres películas mencionadas, el interés de los creadores españoles por el cómic se reduciría a *El gran Vázquez* (Óscar Aibar, 2010), relato biográfico y en clave de comedia de Manuel Vázquez que recogería también los entresijos editoriales de Bruguera, y *Anacleto, agente secreto* (Javier Ruiz Caldera, 2015), adaptación del personaje del propio Vázquez que emplea los efectos digitales como apoyo para la acción y para crear de nuevo una textura de la imagen próxima a la de las viñetas, pero que reinventa el universo de Anacleto con el propio dibujante en él y con

Fig. 4. Superintendente Vicente - reverencia

un humor que no pertenece tanto al cómic original, sino más bien a las coordenadas propuestas por Ruiz Caldera en sus anteriores comedias –*Promoción fantasma* (Ruiz Caldera, 2012) y *3 bodas de más* (Ruiz Caldera, 2013)–. Las ya mencionadas adaptaciones de Oskar Santos sobre el universo de Zipi y Zape, por su parte, se proponen dentro de una fórmula de aventuras familiares en las que lo digital se emplea como apoyo para determinadas escenas antes que como instrumento de reformulación de texturas y canalización de las esencias costumbristas de la fuente.

CONCLUSION: UNA INTERMEDIALIDAD AISLADA

Así, en el contexto de la adaptación cinematográfica española del cómic también español, los esfuerzos de Fesser representan un caso aislado

Fig. 5. Tronchamulas-comparación

de utilización de la tecnología digital para lograr una mayor literalidad respecto a la fuente. A diferencia de lo que ha sucedido en otras industrias cinematográficas en las que la tradición de adaptación del medio gráfico se halla más consolidada –Estados Unidos y Francia–, esos intentos corresponden antes a la sensibilidad y voluntad particular de un autor que a la inercia de una deseable industria que convierta las relaciones entre cine y cómic en fructíferos vínculos. En los últimos años proyectos como *El Capitán Trueno y el Santo Grial* (Antonio Hernández, 2011) no han hecho sino demostrar, pese a la integración de efectos digitales, la ausencia de una reflexión en torno a las vías de adaptación y las relaciones entre la imagen gráfica y la audiovisual. Por otra parte, la reciente revalorización a través de la novela gráfica y de autores como Paco Roca o Miguel Gallardo también ha tenido su reflejo en el cine con títulos como *María y yo* (Félix Fernández de Castro, 2010) y *Arrugas* (Ignacio Ferreras, 2011). Sin embargo, estos han apostado respectivamente por el documental y la animación 2D como vías para trasladar historias con fuerte carga social, y por tanto han relegado a un segundo plano el desafío estético de la búsqueda de una forma propia y correspondiente al original –*Arrugas* apuesta por una literalidad narrativa y artística tan estricta que deniega al adaptador la posibilidad de cualquier proceso transformador y a la adaptación la de una identidad propia más allá de mostrar las mismas imágenes del cómic en movimiento–. El acaecimiento de la era digital, por lo tanto, no ha hecho sino dar las herramientas para fortalecer una relación intermedial, pero ese panorama de nuevas posibilidades expresivas no ha encontrado las sinergias industriales que pudieran sacar el máximo partido de ellas, sino iniciativas aisladas que no hacen sino señalar el inmenso camino por recorrer de nuestra cinematografía a la hora de abordar manifestaciones culturales de tanto peso como el cómic.

BIBLIOGRAFIA

CANDEL, José María (1990), *Historia del dibujo animado español*, Murcia: Filmoteca regional de Murcia.

CAPARRÓS LERA, José María (2005), *La Pantalla Popular: El cine español durante el Gobierno de la derecha (1996-2003)*, Madrid: Akal, pp.211 y 212.

MARTÍN, Antonio (2000), *Los inventores del cómic español, 1873/1900*, Barcelona: Planeta-De Agostini.

MERINO, Ana (2003), *El cómic hispánico*, Madrid: Cátedra.

MOLLÁ, Diego (2010), «El dominio discursivo del cómic: "pulp, daily, sunday y comicbook"», Tesis doctoral presentada por Diego Mollá Furió y dirigida por Josep Gavaldá Roca, Valencia, Universitat de València, Departament de Teoria dels Llenguatges i Ciències de la Comunicació.

MOLLÁ, Diego (2013), «Las adaptaciones del *pulp*, la *daily*, la *Sunday* y el *comic book* en los seriales norteamericanos de los años treinta y cuarenta», *L'Atalante. Revista de estudios cinematográficos*, 16, julio-diciembre, pp.7-13.

QUINTANA, Àngel (2011), *Después del cine: imagen y realidad en la era digital*, Barcelona: Acantilado.

REVENTÓS, Laia (2003), *Más de 60 trucos digitales dan tono de cómic al filme 'Mortadelo y Filemón', El País*, 6 de marzo, disponible en línea: http://elpais.com/diario/2003/03/06/ciberpais/1046919743_850215.html

RUBIO ALCOVER, Agustín (2012), «Capitán Trueno y el Santo Grial o la historia en bocadillos», *El Viejo Topo* (288), enero, pp.70-71.

ZUNZUNEGUI, Santos (1989), *Pensar la imagen*, Madrid: Cátedra.

III. LA CULTURA DE CONVERGENCIA AUDIOVISUAL CINE-TV. LAS PRODUCCIONES SERIADAS Y DEMÁS TIPOS DE PRODUCCIONES DE CONVERGENCIA

Ciertas confluencias entre el cine y la televisión ante un audiovisual deslocalizado

Ángel Quintana

Universitat de Girona

NUEVOS DISPOSITIVOS, NUEVOS DESPLAZAMIENTOS

La edición del festival de Cannes de 2017 estuvo envuelta de una cierta polémica centrada en los modos de difusión de las obras cinematográficas y los nuevos caminos del negocio audiovisual. En el momento de anunciar la selección de películas que iban a concursar para obtener la Palma de Oro, su Delegado General, Thierry Frémaux, anunció la presencia de dos producciones de la plataforma Netflix, *Okya* (2017) de Bong John-Hoo y T*he Meyerowitz Stories* (2017) de Noah Baumbach. Además, también avanzó que el festival presentaría dos series de autor destinadas a la pequeña pantalla, los dos capítulos iniciales de la tercera temporada de *Twin Peaks* de David Lynch y los seis capítulos de la segunda temporada de *Top of the Lake* de Jane Campion. Los exhibidores franceses no tardaron a mostrar su disconformidad con la propuesta, ya que consideraban que el festival marginaba las salas de exhibición y el certamen dejaba de ser el espacio privilegiado para la proyección del cine de autor. Ciertos sectores de la crítica también empezaron a quejarse de que el festival de Cannes asimilara obras que ya no tendrían presencia en otros festivales internacionales, que no formarían parte del circuito tradicional de la exhibición y que rechazarían los sistemas tradicionales de promoción periodística para potenciar otros sistemas que ya no pasaban por la creación del estreno como acontecimiento, ni como factor de la actualidad informativa. Las dos producciones Netflix serían proyectadas en Cannes sin hacer ningún circuito previo por las salas de exhibición y sin estar disponibles posteriormente en el mercado del DVD. Para comprender la reacción de los exhibidores debemos tener en cuenta que, en un país como Francia, donde la legislación de protección a las salas de exhibición es muy fuerte, el acceso de una película a las plataformas *streaming* sólo puede llevarse a cabo después de dieciséis meses de exhibición. En otros países como España, el plazo para su difusión es de un mínimo de cuatro meses. Las dos producciones de la plataforma Netflix tenían previsto su estreno en unas fechas prefijadas previamente y a su visionado solo podrán tener acceso los socios abonados.[1]

Las críticas generadas en Cannes provocaron que la dirección del festival, presionada por la FNCF (Féderation National des Cinémas Français), emitiera un comunicado antes de la inauguración del certamen en el que afirmaba que modificaría su reglamento interno para no tener que volver a admitir a concurso ninguna película que no se exhibiera dentro del territorio francés. La polémica en torno a Netflix generaba un precedente en el festival de cine más importante del mundo, pero no era el único caso. Netflix produce para unos abonados que visionan los productos en la pantalla doméstica. Para conquistar un cierto prestigio necesita tener una producción propia y en exclusiva. Esta producción tiene como principal reclamo las series televisivas. La cadena ha encargado producciones a guionistas o *showrunners* que habían trabajado previamente en las cadenas televisivas generalistas. En los últimos años ha conseguido algunos destacados éxitos propios como *Orange is a New Black* (2013), *House of cards* (2013-2017), *Stranger things* (2016) o *Narcos* (2015-2017). En este ámbito de productos de encargo podemos incluir también el ejemplo de la primera serie española producida por la plataforma, *Las chicas del cable* (2017), un producto de Bambú producciones, empresa que anteriormente había trabajado para Antena 3 en series como *Hispania, la leyenda* (2010-2016) o *Velvet* (2012-2014).

La política de producción de la plataforma también ha empezado a afectar al llamado cine independiente y al cine de autor. Netflix es la productora de *I don't feel at home in this world anymore -Ya no me siento a gusto en este mundo-* de Macon Blair, la película ganadora del Sundance Film Festival, celebrado en el mes de enero de 2017. En otras ocasiones las películas ganadoras de Sundance llevaban a cabo un circuito por los grandes festivales internacionales para estrenarse a finales de año en Estados Unidos e intentar acceder a las nominaciones de los Oscar. La película de Macon Blair se estrenó directamente en Netflix sin ninguna promoción previa. *I don't feel at home in this world anymore* apareció en febrero en el catálogo de Netflix, con una breve sinopsis, sin resatlar su triunfo en el Sundace film festival –el certamen más importante para el cine independiente americano– y sin informar de su estreno a los medios de comunicación. El hecho de no singularizarse dentro de la oferta de la plataforma, parecía como si el premio no tuviera ninguna trascendencia y que lo único que les importaba era la posibilidad de ampliar el catálogo de producciones propias. Netflix también es la productora de *The irishman* de

1. SERRA, Xavi, "Netflix remou els fonaments del cinema", *Diari Ara,* 14 de mayo de 2017.

Martin Scorsese con Robert De Niro y Al Pacino. Para poder aumentar el número de subscripciones, Netflix debe crear catálogo y acceder a múltiples modelos de público.

Para entender el impacto del fenómeno Netflix debemos partir de la idea de que el consumo de contenidos audiovisuales a través de dispositivos como la Tablet o el Smartphone no hacen más que convertir al espectador en un generador de datos. Esta circunstancia se produce cada vez que el espectador deja de ser un ser anónimo –una cifra para la vieja audiencia– para identificarse como un usuario con nombres y apellidos dispuesto a compartir diferentes contenidos audiovisuales. El espectador de las pantallas digitales actúa como un agente que genera gran cantidad de información sobre sus gustos y tendencias. En las plataformas, el negocio de la distribución de contenidos está basado en el uso de esta información. Los datos de Netflix son espectaculares: 81 millones de subscriptores en 161 países reproducen 125 millones de horas de contenido al día. La plataforma no necesita la inversión publicitaria propia de la televisión en abierto. Netflix utiliza los datos obtenidos de sus usuarios para captar y retener suscriptores, minimizar las bajas, conseguir fidelidad con el servicio a largo plazo, y lograr buenos índices de satisfacción con sus productos. Netflix no busca una audiencia general, apuesta por una experiencia personalizada. Tal como indican Eva Patricia Fernández Manzano, Elena Neira y Judith Clares Gavilán: "El empleo de técnicas de minería de datos permite a la compañía Netflix la segmentación de sus clientes, y la identificación del *cluster* de usuarios a los que poder observar y ofrecer contenidos personalizados. En este sentido, estas técnicas han ayudado a crear su propia línea de negocio de producciones originales (*Netflix originals*) adaptadas en gran medida a los intereses y demandas de sus suscriptores".[2]

El público generalista se concentra en series como *Narcos.* Con ella, la cadena hizo un gran despliegue publicitario para capturar a los espectadores de habla hispana, mientras que el público cinéfilo accede a la plataforma porque esta ha producido en exclusiva película de Bong John-Hoo o Martin Scorsese. El dominio de los *big data* permite a Netflix poder ofrecer productos para audiencias particularizadas. Su catálogo no quiere tenerlo todo, sino únicamente aquello que pueda generar diversidad de subscriptores. El concepto de audiencia no ha cambiado únicamente en las plataformas de *streaming,* sino tam-

2. Eva Patricia Fernández-Manzano, Elena Neira y Judith Clares Gavilán, "Gestión de datos en el negocio audiovisual: Netflix como caso de estudio", *El profesional de la información*, 2016, julio-agosto, v.25, n. 4.

bién el mundo de la producción de series. Concepción Cascajosa se pregunta qué es una serie de éxito y llega a la conclusión que desde 1995, vivimos en el período caracterizado por el marketing de marca "en el que la creación de identidades corporativas fuertes y definitivas es el elemento central".[3] Una serie es renovada por una temporada y su éxito permite una posterior renovación encaminada a garantizar su rentabilidad futura a través de las ventas internacionales. A pesar de que las series se encuentran frente a una audiencia televisiva más fragmentada son más fáciles de rentabilizar gracias a su difusión como marca y su política de ventas.

REPENSAR LAS SERIES VISTAS DESDE LA OPTICA DEL CINE

La proyección dentro de la programación del festival de Cannes de algunos capítulos de dos series como *Twin Peaks* y *Top of the lake* no molestó a los distribuidores cinematográficos. El fenómeno fue entendido como una extensión de la oferta que los festivales de cine han llevado a cabo, desde hace años, para promocionar ciertas series firmadas por los grandes autores del panorama internacional. El festival de Berlín de 2007 mostró la versión restaurada de la serie de Bavaria Film y la RAI, *Berlin Alexanderplatz* de Rainer W. Fassbinder, creada en 1980. En 1984, el festival de Venecia lanzó el debut de *Heimat* de Edgar Reitz, serie que acabó ganando el Premio Fipresci de la crítica internacional. En los últimos años, el Festival de Cannes también ha proyectado otras series en sus diferentes secciones. Este fue el caso de las producciones de la cadena ARTE, *Carlos* de Olivier Assayas (2010) o de *P'tit Quinquin* (2014) de Bruno Dumont. De todos modos, la presencia en un festival de cine de una serie de producciones que no han estado pensadas para la gran pantalla y que de forma progresiva están ocupando un lugar central en el audiovisual, pone en evidencia que desde ciertas esferas de la gestión cultural se quieren atrapar los cambios.

Los sistemas de impacto comercial en el mundo audiovisual han cambiado, como también ha cambiado la política de acontecimiento que crea el gusto de la cinefilia. El sueño establecido en Cannes para dignificar las series de autor puede ser visto como una quimera dentro del mercado de las series televisivas de entretenimiento, donde los debates se sitúan en otra esfera. Los nombres de David Lynch o Jane Campion son una excepción como autores de

3. CASCAJOSA, Concepción, *La cultura de las series*, Barcelona: Laertes, 2016, p.35.

series televisivas. En el universo de las series la figura del autor/director ha sido remplazada por la del *showrunner*/diseñador de la serie. El máximo creador es quien da forma al mundo de la ficción y articula los ejes esenciales de unos relatos que después serán perfilados por un nutrido núcleo de guionistas. La metamorfosis del concepto de autor en las series se encuentra acompañada de otra metamorfosis fundamental encaminada a privilegiar la narración y a minimizar el peso de la puesta en escena.

El 4 de diciembre de 2017, Brian De Palma dio una clase magistral[4] en el Festival de cine de la Habana. Habló sobre su cine y sobre la situación del cine contemporáneo. De Palma arremetió contra las series televisivas al afirmar que muchas de ellas minimizaban la importancia de lo visual en beneficio del guion. El cineasta consideró que el declive ha dañado una parte esencial de la producción actual de Hollywood. El culto al guion ha funcionado como un proceso de uniformización de la puesta en escena.

Resulta evidente que la tensión entre relato y puesta en escena genera muchos interrogantes sobre el futuro y presente de un audiovisual cuyos signos de identidad cada vez se encuentran más atados al despegar del mundo de las series de televisión. Esta tensión provoca que desde el mundo del cine sea lícito preguntarse si los sistemas de producción de las series televisivas son una reactualización de las políticas de los viejos estudios de Hollywood ¿Crean las series un nuevo modo de representación institucional que estandariza la puesta en escena? Si partimos de esta premisa, resulta evidente que la nueva ficción televisiva no hace más que reactualizar los sistemas institucionales de los viejos estudios de Hollywood basados en la uniformización del llamado "lenguaje clásico" De todos modos, para responder a estas cuestiones fundamentales es preciso entender el lugar que ocupan en la actualidad tanto las películas como las series de televisión dentro de una amplia genealogía de transformaciones del audiovisual que han afectado al cine y a la televisión.

En la época dorada del cine clásico, cuando alguien se preguntaba qué era una buena película era fácil hallar una repuesta. Una buena película debía contar una buena historia, debía tener fuerza dramática y debía estar bien interpretada. Con la intención de ir un poco más allá de esta evidencia y para actualizarla en el contexto del cine postmoderno, Laurent Jullier estableció seis criterios generales para la valoración de la película. Todos ellos estaban inspirados en las principales tendencias de la crítica francesa. Los dos primeros eran

4. http://www.efe.com/efe/america/cultura/brian-de-palma-acerca-su-estilo-cinematografico-al-festival-la-habana/20000009-3123011

el éxito y las conquistas técnicas, los dos siguientes tenían que ver con la originalidad y la coherencia. Mientras que los dos últimos consistían en considerar una buena película como aquella que conmueve y como aquella que resulta edificante (Jullier, 2002).[5] Si aplicamos estos criterios al territorio de las series de televisión veremos que funcionan a la perfección. Una serie como *Game of Thrones* (2010-2017*)*, por ejemplo, es rentable, sorprende técnicamente, parece original, es coherente internamente, conmueve a los espectadores y puede ser leída como una parábola edificante sobre la geopolítica contemporánea respecto al pasado. En cierto modo, tal como constata François Jost, el éxito de las series va más allá de los procedimientos técnicos que emplea, ya que este éxito se sitúa siempre en "el beneficio simbólico que esta procura al espectador" (Jost, 2011: 6)[6] Más allá de este beneficio simbólico, cierta crítica ha intentado siempre ir más allá y al hablar de lo específico fílmico siempre se ha centrado en el concepto de puesta en escena, término que, como ha demostrado Adrian Martin, a veces resulta confuso pero a lo largo de los años ha permitido imponer la fuerza de lo formal frente al imperio del contenido (Martin, 2014: 15).[7]

Si aplicamos, por ejemplo, las categorías establecidas por Laurent Jullier dentro de un *blockbuster* como *Mad Max, Fury Road (*2015) de George Miller veremos cómo estas se desmoronan. La película minimiza la lógica del relato para proponer la disolución del dramatismo convirtiendo a los personajes en simples actantes sin psicología, son una serie de seres espectrales atrapados en un frenesí continuo de escenas de acción. El poder de la narración entra en crisis para dar paso al imperio de la atracción visual. George Miller lleva a cabo un ejercicio límite de puesta en escena basada en el movimiento. Este factor no es nuevo, ya que una parte esencial del cine contemporáneo más comercial puede ser visto como un retorno al primitivismo del cine a partir del auge de las atracciones visuales. En el cine clásico, la puesta en escena tenía como principal finalidad la de acoplarse al relato y la de poder llegar a servir a la historia. En cambio, en los *blockbusters* que han marcado una parte esencial del cine espectáculo hollywoodiense desde mediados de los años '70, la puesta en escena se ha transformado en atracción visual y ha eclipsado el relato. Lo

5. JULLIER, Laurent, *Qu'est que ce qu'un bon film?*, Paris: Editions La dispute, 2002.
6. JOST, François, *De quoi les séries américaines sont-elles le symptôme?*, Paris: CNRS Editions, 2011, p.6.
7. MARTIN, Adrian, *Mise en scène and Film Style. From Classical Hollywood to new Media Art*, New York: Palgrave McMillian, 2014. p.15.

narrativo dejó de ser la norma para pasar a ser la excepción de ese cine proyectado en los multiplex.

Peter Biskind defendió en el libro *Moteros tranquilos, toros salvajes* la hipótesis de que en el momento de la renovación de Hollywood se produjo un cisma importante entre dos tendencias que parecían irreconciliables (Biskind, 2008).[8] Por un lado, el llamado Nuevo cine de Hollywood –Martin Scorsese, Francis Coppola, Michael Cimino o Brian De Palma– exploraban una nueva narrativa adulta que convertía la psicología de los personajes en un factor más complejo. En sus películas establecieron la base de un cine basado en la complejidad del relato, en la destrucción de todo maniqueísmo y en la potenciación del drama. Mientras se articulaba el nuevo modelo hollywodiense surgieron los creadores de los *blockbusters* –Steven Spielberg, Georges Lucas, James Cameron, etc– que reivindicaban un nuevo modelo de cine espectáculo donde la simplicidad temática era suplantada por la complejidad tecnológica. Este nuevo modelo venía acompañado de una reformulación del negocio audiovisual basado en la política de franquicias, la creación de subcontratos empresariales para el marketing de los productos y la búsqueda de un nuevo modelo de espectador más joven, con unos referentes culturales que no pasaban por los viejos modelos culturales o dramáticos (Miller, 2005).[9]

Dentro de una genealogía audiovisual podemos colocar el nacimiento de la llamada segunda edad de oro de la televisión, en un momento de crisis del relato hollywoodiense y del triunfo en el mercado de los *blockbuster*. No es ningún disparate afirmar que algunas producciones de prestigio de la cadena de pago HBO como *Los sopranos* (1999-2007) o *The Wire* (2002-2008) surgieron como un intento de recuperación de los postulados del nuevo Hollywood. Para combatir el imperio de la atracción, conquistaron un público adulto, propusieron tramas complejas y establecieron una psicología del mal que rechazaba toda opción maniquea. Las nuevas series televisivas supusieron un retorno a aquello que el cine había marginado y su *target* inicial fue ese público adulto que había sido despedido de unas salas de cine en las que no podía encontrar productos con los que identificarse. Un público que ya había empezado a substituir la sala pública por el *home* cinema.

Aunque es cierto que, en un primer momento, la alternativa a las series pasó por reivindicar aquello que el cine enterró, el devenir de la ficción te-

8. BISKIND, Peter, *Moteros tranquilos, toros salvajes,* Barcelona: Anagrama, 2008.
9. MILLER, Toby, *El nuevo Hollywood. Del imperialismo cultural a las nuevas leyes del marketing,* Barcelona: Paidós, 2005.

levisiva es bastante más complejo, sobretodo, porque este devenir se inscribe dentro de una lógica cultural esencial marcada por el impacto de la posmodernidad. Algunas series como *Los Soprano, The Wire, Dexter* (2006-2013) *Deadwood* (2004-2006), *Broadwalk Empire* (2010-2014), *Mad Men* (2007-2015) *House of Cards* (2013-2017), *Homeland* (2011-2017) *Narcos* (2015-2016) o incluso *Breaking Bad* (2008-2013) recuperaron aquello que se perdió del Nuevo Hollywood, mientras que otro grupo de series como 24 (2001-210), *Perdidos (Lost,* 2004-2010*), Games of Thrones* o, más recientemnte, *Stranger Things* (2016) *y Westworld* (2017) no estaban demasiado lejos de algunos fenómenos fílmicos que tenían que ver con la fragmentación del relato y la crisis de la verosimilitud. En el cine americano de los noventa surgió el fenómeno de las historias corales y de los juegos con los límites de lo verosímil. Se estrenó una amplia gama de películas en que los protagonistas eran un grupo cuyas historias se cruzaban estableciendo vías paralelas, este es el caso de *Magnolia* (1998) de Paul Thomas Anderson o *Crash* (2004) de Paul Haggis, pero también de esa especie de puzle sobre el mundo globalizado que fue *Babel* (2006) de Alejandro G. Iñarritu. Por otro lado, se establecieron nuevos sistemas narrativos basados en la circularidad del relato como *Pulp Fiction* de Tarantino o la apuesta por la transformación espaciotemporal de las obras de Spike Jonze, como la extravagancia *Como ser John Malkovich (Being John Malkovich,* 1999). La mayoría de estas obras estaban dispuestas a poner al límite algunos de los postulados clásicos para llevar a cabo un proceso en que el relato dejaba de ser invisible para potenciar la mostración de los recursos utilizados en el momento de ser la película. Si pensamos en una serie como *Perdidos* veremos que esta filiación se ponía de manifiesto en sus *flash-backs* y sus *flash-fowards,* pero también en sus continuos atentados contra la lógica de lo verosímil. En vez de plantear una historia de supervivencia en torno a los náufragos de un accidente aéreo, la isla se convertía en una auténtica caja de sorpresas permanentes, muchas de las cuales desafiaban toda lógica racional y alteraban los principios de ese pacto de verosimilitud que exige la ficción clásica. Mientras el relato cinematográfico se convertía en un auténtico juego de espejos deformado, la ficción televisiva creaba nuevos relatos para crear una simbiosis con la pantalla grande. Entre la televisión y el cine se establecía una ruptura, pero al mismo tiempo se generaban interesantes vasos comunicantes.

El cuarto episodio de la primera temporada de *True Detective* (2014-2015) se cerraba con un plano secuencia de siete minutos que mostraba una redada policial. El plano estaba firmado por Cary Fukunaga, un cineasta que había destacado por una pequeña película independiente y una académica versión de *Jane Eyre* (2011). No obstante, el plano secuencia no tardó en convertirse en viral. Parecía como si la puesta en escena hubiera conquistado un lugar en el universo mediático. La irrupción de este gesto de puesta en escena parecía como una anomalía frente al modelo formateado utilizado por la televisión, donde ciertos parámetros expresivos nunca entran en conflicto con la norma. En el cine clásico de Hollywood, Otto Preminger, Vincente Minelli, Alfred Hitchcock o Fritz Lang, entre muchos otros, perpetraron algunos gestos de puesta en escena que diferenciaban su escritura de la de otros autores, pero en ningún caso estos gestos transformaban la cuestión. Las series de televisión a veces pretenden salir del lenguaje formateado para buscar el prestigio. En los títulos de crédito del episodio 12 de la tercera temporada de *Mad Men* aparece como director un nombre conocido por los cinéfilos, Barbet Schroeter. Hasta la irrupción de este episodio, la serie coordinada por Mathew Werner había sido dirigida por diferentes artesanos anónimos que se ajustaban a las normas dictadas por el *showrunner*. En el episodio titulado *The grown ups* se mantiene el tono de la serie, pero hay algo especial. La acción del episodio transcurre el 22 de noviembre de 1963, fecha del asesinato del Presidente John Fitzgerald Kennedy. En este caso, un director de prestigio articula hábilmente los conflictos en la esfera política, con los conflictos interiores de la serie marcados por el momento en que Betty Francis le dice a su esposo Don Draper que ya no siente nada por él. Parece como si el episodio buscara el prestigio mediante una apuesta por la puesta en escena, saliendo del lenguaje formateado y de los conflictos dramáticos habituales de la serie. Es como si la televisión necesitara estos momentos para mostrar aquello ajeno a su propio devenir.

En muchos ensayos sobre la nueva serialidad televisiva, se constata que en 1990 se produjo una revolución en el universo audiovisual llamada *Twin Peaks* (1990-1991). Con la aparición de la serie creada por David Lynch y Mark Frost, las series dejaron de ser lo que eran y el cine empezó a mirar hacia otro lado. Veinticinco años después, la aparición de la tercera temporada de *Twin Peaks* (2017) plantea un interesante debate sobre el devenir de las series televisivas en un momento de cambio y restructuración del universo digital. La serie surge como un producto audiovisual que desafía toda categorización. Es una serie de autor, en que su creador dirige todos los episodios y en la que el impacto visual de la puesta en escena todo lo determina. La serie surge después de diez años de silencio creativo por parte de David Lynch y después de que este hubiera llevado a cabo un proceso de transformación de su propio cine basado en la búsqueda de nuevas pistas para la disolución del relato. En sus películas anteriores, la pantalla se transformaba en una especie de laberinto lleno de múltiples pistas. La cuestión esencial ya no residía ni en ver lo que pasaría después, ni en preguntarse qué había en las imágenes mostradas, sino en investigar qué es lo que realmente escondían las imágenes. El misterio estaba presente en la superficie de unas imágenes que a partir de la sofisticación figurativa escondían algo abstracto y extraño. Todo este proceso culminó en una obra tan singular y radical como *Inland Empire* (2005), pero tuvo su punto de partida en la segunda temporada de *Twin Peaks*, cuando la cuestión ya no consistía en saber quién mató a Laura Palmer, sino simplemente en plantearse cómo era posible avanzar por el laberinto.

La tercera temporada de *Twin Peaks* parte de una concepción de la imagen en la que el relato aparece fragmentado en múltiples pedazos, sin que haya posibilidad de poder llegar a ensamblar sus partes. La serie propone un viaje al interior de una auténtica cámara de los horrores, un desplazamiento por unos no lugares por los que transita el mal, mientras se rompe con la lógica racional que imprime una parte esencial de los guiones televisivos actuales. En *Twin Peaks* no puede haber ni *spoilers*, ni *cliffhangers*, porque todas las convenciones del medio aparecen dilapidadas para negar el concepto institucionalizado de serie televisiva. Lo esencial reside en la capacidad atmosférica de las imágenes, en cómo pueden llegar a poder perturbar al espectador. En la apuesta hay un desafío radical. El espectador puede llevar a cabo un viaje de dieciocho horas sin necesidad de buscar ningún punto de apoyo. La seducción de Lynch es la seducción de lo visual, es la materialización de un encuentro entre la vanguardia artística y la cultura popular. Es otra forma de pensar desde el audiovisual, una televisión que ha dejado de existir como simple televisión.

La huella radical que imprime *Twin Peaks* en el campo audiovisual es la propia de la vanguardia, entendida como un gesto artístico radical que nos permite cuestionar y repensar todo lo que ha acontecido en anterioridad. Nos permite repensar de nuevo esta tensión entre relato y puesta en escena, entre drama y plástica audiovisual. Quizás ha llegado el momento en que simplemente es posible comprender cómo la historia del audiovisual, desde una perspectiva transversal, no ha sido más que un continuo combate entre la narración y la atracción, entre el tema y la forma. Algunas veces ha ganado el relato y otras los juegos visuales. La síntesis perfecta nunca ha existido, quizás porque la existencia de toda obra que busque la perfección implica su condena en el limbo de la creación estéril.

HACIA LA DESLOCALIZACION AUDIOVISUAL

La existencia del fenómeno Netflix y la presencia de las series en los grandes festivales de cine nos conduce a preguntarnos por qué en medio de un entorno marcado por la mutación audiovisual es absurdo reflexionar desde posiciones estancadas, de marcado carácter gremial. No debemos pensar el cine o las series de televisión como si fueran dos fenómenos aislados, sino como dos vasos comunicantes. El cine, la televisión, las plataformas *streaming,* las instalaciones video-artísticas y las múltiples pantallas que ocupan un lugar clave en la nueva esfera mediática forman parte de un audiovisual que se encuentra en proceso de transformación. El inicio del cambio no es otro que el resultado de las diferentes mutaciones experimentadas con el auge de esa nueva cultura digital que empezó cambiando las formas de producir y de crear, pero que últimamente también está cambiando las formas de exhibir y consumir determinados productos audiovisuales (Quintana, 2011).[10]

Es evidente que tanto el impacto de las series de televisión como alternativa de consumo mayoritario en el entretenimiento audiovisual y el poder creciente de las plataformas han puesto en crisis dos polos básicos del audiovisual como son las salas de exhibición y la pantalla televisiva. Las series pasaron de ser vistas en una parrilla horaria a consolidarse dentro de las cadenas de pago. Hoy pueden ser vistas como catálogo de una plataforma que proyecta a la demanda del telespectador, en *streaming.* Las series surgieron en el interior de una televisión que ocupaba una centralidad dentro del espacio doméstico y que buscaba su audiencia. Cuando nos situamos ante el caso de Netflix nos encontramos con problemas para definir lo que emite como televisión. A pesar de que la plataforma se autodenomina televisión, el uso de este término es más que discutible. Netflix es a la televisión, lo que *Spotify* puede ser a la radio. La plataforma funciona como un catálogo que acumula productos para generar opciones y elecciones. El espectador no está obligado a seguir el ritmo de los episodios de una serie, puede abordarla como si fuera un libro, siguiendo los capítulos o interrumpiendo la emisión a su gusto.

En su libro *La otra pantalla,* Elena Neira estudia, desde el *marketing,* la consolidación de las redes sociales como factor paralelo al consumo televisivo. En el primer capítulo presenta una televisión multipantalla, es decir, una tele-

10. El autor ha estudiado las mutaciones generadas por la irrupción del formato digital en: QUINTANA, Àngel. *Después del cine. Imagen y realidad en la era digital,* Barcelona: Acantilado, 2011.

visión de consumo discontinuo, alejada de los paradigmas tradicionales de la programación unidireccional y dirigida a un consumidor cada vez más digital. Esta televisión discontinua también ha experimentado un cambio importante en los sistemas de creación, afectando algunos de los conceptos básicos que han alimentado el discurso cinéfilo como la autoría, la puesta en escena o el relato audiovisual (Neira, 2015). El auge de Netflix y de las series de televisión promueve un nuevo fenómeno que tiene que ver con el impacto que la llamada deslocalización audiovisual puede llegar a tener en los modos de consumir y de ver, un impacto que surge después de la digitalización de los soportes y de la reconfiguración del mapa audiovisual en general.

Los economistas hablan de la existencia de una deslocalización cuando se traslada un determinado sistema de producción industrial de una región a otra, de un país a otro. El desplazamiento tiene como objetivo principal la búsqueda de una importante reducción de los costes industriales o la posibilidad de rebajar el coste de la mano de obra, lo que actualmente se conoce como recursos humanos. La deslocalización económica se ha implementado en muchos países como resultado de la globalización, sobre todo a partir de que la movilidad del capital dejó de tener barreras. En el mundo empresarial, la deslocalización persigue una mano de obra más barata, una legislación más permisible y unas condiciones de trabajo más flexibles. El objetivo no es otro que la búsqueda de un mayor rendimiento económico y un aumento de los beneficios empresariales. En el territorio audiovisual, la deslocalización también tiene una base económica marcada por la expansión de la industria audiovisual hacia otros territorios y a la emergencia de nuevas plataformas de difusión. Es el resultado de la flexibilidad para producir y crear productos audiovisuales que se ha generado con el advenimiento del digital pero también tiene que ver con la facilidad de difusión en diferentes soportes, que actualmente poseen las imágenes. La deslocalización audiovisual también implica una expansión del negocio hacia múltiples espacios, una ruptura con el lugar central y la creación de una progresiva disgregación de las imágenes creadas respecto a su espacio de difusión originario. Es cierto que las películas continúan funcionando como películas, pero las condiciones de creación y consumo no son las mismas. Se ha producido un importante tránsito hacia otros espacios ajenos. Este tránsito ha sido la consecuencia de la hibridación de soportes, de la transformación de las condiciones de percepción e incluso del cambio en el propio consumo de los productos.

Francesco Casetti introduce el término de deslocalización del cine. Para el profesor italiano ante las nuevas pantallas que difunden todo tipo de imágenes y ante las nuevas formas de ver que se han generado en torno a estas pantallas es preciso preguntarse hasta qué punto aquello que hace unos años considerábamos como cinemático se encuentra presente en el interior de la iconosfera. La cuestión clave a la que intenta responder Casetti no es otra que el reconocimiento de la existencia del cine en medio de la nueva era audiovisual. El concepto de deslocalización de las imágenes implica la existencia de un movimiento. Al pasar de una pantalla de grandes dimensiones a otra más reducida se pierden algunas características de aquello que antiguamente conocíamos como cine. Sin embargo, por otra parte, la deslocalización entrevé que se pueda llegar a producir un renacimiento de la propia esencia del cine mediante un mayor consumo de ficciones de carácter narrativo. "Deslocalizar el cine no implica que lo que veamos sea 100% cine, pero en cambio sí que tenemos la certeza de que a pesar de las diferencias lo esencial sigue siendo cinematográfico" (Casetti, 20: 38-39). Al llevar a cabo esta afirmación, Casetti reconoce que los cambios, mutaciones y deslocalizaciones han transformado los espacios de proyección y de visión pero que no ha desaparecido la acción de poder contemplar una ficción desde una posición vigilante. El espectador contemporáneo puede situarse frente a una pantalla de ordenador para ver una película y, al hacerlo, tomar conciencia de que aquello que verá será una película, a pesar de que esta ya no esté rodada en celuloide y que sus trucajes hayan sido llevados a cabo mediante técnicas de post-producción digital. Su lugar no es el lugar originario desde el que una película fue concebida, pero a pesar de ello, el espectador no ha perdido la conciencia del producto que está viendo.[11]

La vigencia del concepto de deslocalización hace que se pierdan algunas de las características de lo que antes era conocido como cine, pero también es verdad que ante las nuevas pantallas no acaba perdiendo su esencia como espectáculo ficcional, narrativo o visual con el que se establecen una serie de fábulas en torno al mundo. Lo mismo sucede con las series de televisión que actualmente han dejado de ser emitidas como televisión. Algunas series ya no están en el *prime time* de las cadenas generalistas sino en las plataformas donde pueden ser consumidas en *streaming* sin esperar a la emisión de cada episodio. A pesar de su deslocalización, estas continúan emergiendo como series, están producidas siguiendo los parámetros industriales de la televisión de entretenimiento y son publicitadas desde las mismas plataformas.

11. CASETTI, Francesco, *The Lumière Galaxy. 7 Keywords for the cinema to come*, New York: Columbia University Press, 2015, pp.38-39.

Tal como afirma Micahel Wolf, con la emergencia del digital se produjo un debate entre la persistencia de los viejos medios –Hollywood, las cadenas de televisión, la prensa generalista, etc. – y los nuevos medios –internet, youtube, las plataformas en *streaming*–, el resultado final del debate es que, a pesar de las diferencias, lo importante fue establecer pactos, porque en el fondo todos debían "correr en la misma pista de atletismo y su objetivo industrial no era otro que pactar para aumentar las ganancias" (Wolf, 2015: 4).[12]

La persistencia de lo viejo en lo nuevo es un tema clave que nos permite comprender y redefinir mejor este proceso de deslocalización. En un artículo sobre la cultura de las pantallas en el mundo actual, Vicente José Benet establece un posible resumen en torno a las diferentes muertes del cine, en torno a los diferentes usos del término mutación referido a la irrupción de la cultura digital y en torno a las múltiples crisis estéticas e industriales generadas por el auge de nuevas formas de expresión. Al final de su recorrido acaba aferrándose a un término creado por el historiador del arte, Aby Warburg que el teórico francés, Georges Didi-Huberman ha recuperado para vencer ciertas reticencias artísticas frente a la idea de posibles anacronismos. El término utilizado es el de *imágenes supervivientes*. Para Warburg, la verdadera consideración de las imágenes reside en su naturaleza fantasmagórica y este factor permite que regresen para volver a mostrar el *pathos* de sus gestos esenciales, el montaje y agrupación de las imágenes de épocas diferentes a partir de ciertos motivos visuales diacrónicos permite repensarlas desde nuevos sistemas de relación (Didi-Huberman, 2002).[13] Partiendo de una relectura de estas ideas, Benet considera que "la historia del cine ha sido la historia de las imágenes que van sobreviviendo a diferentes avatares" (Benet, 2015).[14] La descentralización del cine lo ha desplazado hacia un territorio más amplio que podemos definir como audiovisual. En este territorio han surgido nuevas tecnologías, nuevos soportes, nuevos sistemas de distribución y nuevas formas de ver y consumir. Cada uno de estos sistemas ha llevado a cabo un proceso de deslocalización de sus procesos institucionales. La deslocalización ha generado desplazamientos hacia territorios extraños, difíciles de repensar, pero no ha hecho más que fortalecer la idea de que, a pesar de todo, hoy las imágenes sobreviven.

12. WOLF, Michael, *Television is the New Television. The unexpected triumph of old media in the digital age*, New York: Penguin, 2015, p.4.
13. DIDI-HUBERMAN, Georges, *L'image survivante. Histoire de l'art en temps de fantômes d'après Aby Warburg*, Paris: Editions de Minuit, 2002.
14. BENET, Vicente J., "Mutaciones del cine. La historia cultural y las imágenes supervivientes", *Nuevo texto crítico*. nº. 51, 2015.

BIBLIOGRAFÍA

BENET, Vicente José (2015), "Mutaciones del cine. La historia cultural y las imágenes supervivientes", *Nuevo texto crítico.* vol 4., nº 51.

BISKIND, Peter (2008), *Moteros tranquilos, toros salvajes,* Barcelona: Anagrama.

CASCAJOSA, Concepción, (2016), *La cultura de las series,* Barcelona: Laertes.

CASETTI, Francesco. (2015), *The Lumière Galaxy. 7 Keywords for the cinema to come,* New York: Columbia University Press.

DIDI-HUBERMAN, Georges, (2002) , *L'image survivante. Histoire de l'art en temps de fantômes d'après Aby Warburg,* Paris: Editions de Minuit.

FERNÁNDEZ MANZANO, Eva Patricia ; NEIRA, Elena; CLARES GAVILÁN, Judith (2016), "Gestión de datos en el negocio audiovisual: Netflix como caso de estudio", *El profesional de la información,* julio-agosto, v.25, n. 4.

JOST, François, (2011), *De quoi les séries américaines sont-elles le symptôme?,* Paris: CNRS Editions.

JULLIER, Laurent, (2002), Laurent Jullier, *Qu'est que ce qu'un bon film?,* Paris: Editions La dispute.

MARTIN, Adrian (2014), Adrian Martin, *Mise en scène and Film Style. From Classical Hollywood to new Media Art,* New York: Palgrave McMillian.

MILLER, Toby, (2005), *El nuevo Hollywood. Del imperialismo cultural a las nuevas leyes del marketing,* Barcelona: Paidós.

NEIRA, Elena (2015), *La otra pantalla. Redes sociales, móviles y la nueva televisión.* Barcelona: Editorial UOC.

SERRA, Xavi, (2017), "Netflix remou els fonaments del cinema", *Diari Ara,* 14 de mayo de 2017, Barcelona.

QUINTANA, Àngel (2011), *Después del cine. Imagen y realidad en la era digital,* Barcelona: Acantilado.

WOLF, Micahel (2015), *Television is the New Television. The unexpected triumph of old media in the digital age,* New York: Penguin.

Tendencias en el audiovisual español actual: cine de masas y televisión de calidad

PAUL JULIAM SMITH

Graduate Center, City University of New York

LA INDUSTRIA, LA UNIVERSIDAD, Y LA TEORÍA

Comencemos con dos anécdotas. En 2013 la revista auteurista *Caimán* (anteriormente *Cahiers du Cinéma España*) publica un suplemento especial sobre "El otro cine". Transparentes en sus intenciones de conferir prestigio y producir capital cultural en torno a jóvenes y austeros cineastas de bajo presupuesto, el grupo de críticos los definen frente a un *mainstream* comercial español que dan por consabido. Posteriormente, en 2014, Tele5 envía a Belén Esteban, probablemente la figura más controvertida que emergió de la telerrealidad española, a Marruecos para investigar las condiciones sociales en el vecino país sureño. Los comentaristas bienpensantes se horrorizaron ante este nuevo colmo de la telebasura.

Parece, entonces, que los guardianes culturales todavía no tienen gran dificultad en reforzar la sempiterna dicotomía entre el cine de arte elitista y la telebasura de masas. Sin embargo, otras fuentes sugieren algo distinto. En 2013 el sondeo anual de OBITEL sobre el conjunto de la ficción televisiva iberoamericana se centró en el tema de la memoria social, especialmente apropiado para España. Y la sección española del informe, coordinada por Charo Lacalle, se tituló "La ficción resiste la crisis". Lacalle apunta a factores positivos inusuales en el sector de televisión española: la media diaria del espectador alcanza un nuevo récord de 246 minutos (OBITEL 2013: 280), y las series de ficción son el formato más apreciado al ocupar el 21,8% de la programación. Prueba de la fidelidad del público a las series autóctonas, es el romance de capa y espada *Aguila Roja* –la serie más vista por cuarto año consecutivo (2013: 282)–. Se emitieron nada menos que 32 títulos locales; y el *top-10* incluye una variedad de géneros (desde aventura y fantasía, dramedia y comedia hasta miniseries) (2013: 299). Es más: las problemáticas sociales tratadas en estos espacios "de candente actualidad" incluyen la misoginia y la homofobia, el inseguro mercado laboral, la crisis de vivienda y la eutanasia (2013: 300). Así las cosas, la ficción en la televisión española se aproximaba al pasado nacional, conectando con la memoria histórica, al mismo tiempo que reflejaba el presente y asuntos de urgente actualidad.

Si bien la televisión española consumida con tanto fervor por las masas del público no se puede pintar como pura telebasura, tampoco el cine español se puede reducir al cine experimental promovido con tanto vigor por *Caimán*. A pesar de la concentración mediática en el llamado "otro cine", la séptima edición anual de "Spanish Film Screenings" a la que asistí como representante de la prensa extranjera, realizada en 2012 en Madrid capital en el ápex de la crisis, complicaba el relato. "Madrid de cine", nombre alternativo del evento, lo organiza la FAPAE (la asociación de productores), el ICAA (la escuela de cine) y otras instituciones, como por ejemplo la autoridad turística de Madrid. El evento también tuvo un "padrino", Enrique Urbizu, el director de la última película ganadora de los Goya, *No habrá paz para los malvados* (2011).

A pesar del precipitado declive en el número de producciones, el ambiente en "Madrid de Cine" parecía bastante positivo. Un informe de la FAPAE, presentado oralmente en el evento, sugirió que de los 199 largos hechos en 2011 el número de títulos españoles proyectados en el extranjero aumentó en 21% y el número de países en que se vieron, también (15%). Aun si nos limitamos a México comprobamos que la distribución alcanzó las 36 películas, una cifra récord. Del mismo modo que España presume de tener mayor cantidad de turistas que habitantes, su cine gana el doble en el extranjero de lo que recauda en el mercado nacional.

Aunque el cine español está, entonces, plenamente globalizado, lo que sostengo aquí es que la película accesible y taquillera de Urbizu marcó un nuevo rumbo inesperado: la reconexión del cine español con su propio público. Lo hizo a través de los géneros populistas de la comedia romántica y (lo que me ocupa en este artículo) el *thriller*. Como veremos, el también llamado *género negro* es una especie única considerada por comunidades influyentes de buen gusto como compatible con la distinción cultural.

Más allá de estas tendencias cuantitativas, la investigación académica más reciente, cualitativa por naturaleza, sugiere que el paradigma dominante de cine de autor/televisión de masas empieza a resquebrajarse. *A History of Spanish Film* (2013) de Sally Faulkner incluye el subtítulo significante "Cine y sociedad: 1910-2010". El libro relee la historia del cine español desde la óptica de la cultura mediana, marginando el canon autorista y su inclinación al formalismo, para dar con un corpus de títulos precariamente ubicados entre alta y baja cultura. Mientras tanto, *El cine español: una historia cultural* (2012) de Vicente J. Benet hace algo similar, al situar a autores consagrados como Erice y Saura en su contexto social, atreviéndose a compararlos con el odiado cine del destape y las películas *quinqui,* cuyos méritos el libro quiere rescatar. *Spanish Cinema in the Global Context* (2013) de Samuel Amago asimismo pone en diálogo el gusto artístico por la reflexividad con los géneros populares y el mercado. En el terreno de los estudios televisivos el trabajo reciente de Manuel Palacio ofrece una minuciosa mirada a la televisión durante la transición, sosteniendo convincentemente que el medio jugó un papel decisivo como factor de pedagogía de la democracia en una nueva España (2012). Esta es una función vital que Palacio ya había destacado en su anterior historia general de la televisión española (2001).

Saliendo del ámbito académico, también hay señas de que España reconoce finalmente un reajuste del estatus cultural de televisión relativo al cine, lo que permite la adopción de un planteamiento estético frente a un medio vilipendiado durante largo tiempo. Después de décadas de ataques virulentos, *El País* cuenta desde 2012 con Natalia Marcos, una crítica especialista en ficción televisiva, aunque, eso sí, su terreno se limita básicamente a ficciones estadounidenses. Se defendió con vigor a las series nacionales cuando un político del Partido Popular las despreció como nada más que una manera de "pasar el rato". Las series españolas ya tienen un festival establecido (en Vitoria) y organizan estrenos de gala regularmente en los antaño palacios del cine de la madrileña Gran Vía. Mientras tanto la asociación de guionistas televisivos (ALMA) aboga con tenacidad a favor del reconocimiento al trabajo creativo de sus miembros. En resumen, han surgido mecanismos tentativos de legitimación para el formato de ficción televisiva.

Alejándonos de estos signos de cambio anecdóticos en el hábitus audiovisual español, podemos dar un giro o una vuelta de tuerca para discutir las novedades del viejo debate académico sobre la televisión de calidad. Desde una perspectiva europea Milly Buonanno ha puesto en duda la obsesión académica con el canon HBO y la consecuente exaltación de novedad, provocación, complejidad narrativa y ambición cinematográfica (2013: 9). Este sesgo, sugiere, ha servido para encubrir las tradiciones europeas de calidad basadas en el prestigio cultural y la respetabilidad (2013: 19). Mientras tanto la nueva tendencia estética en estudios televisivos anglo-americanos Jacobs y Peacock 2013) ha propuesto la desaparición del adjetivo "cinematográfico" como sinónimo de televisión de calidad y una mayor atención a las calidades diferenciales del medio electrónico entre los investigadores.

Entrando aún más en la teoría frente al contexto español de crisis (financiera, política, cultural) podríamos recurrir aquí a Pierre Bourdieu. En el entorno de las postrimerías del mayo 68 francés, este comentaba la sensación de "desposeimiento" y "expectativas desequilibradas" entre la antaña élite cultural. El discípulo de Bourdieu, Ivan Ermakoff, define estos términos como "una situación donde la gente no logra lo que quiere ni lo que siente ni que les corresponde" y una en donde la gente "no puede lograr sus aspiraciones" (2013: 98). Al igual que los *soixante-huitards* de Bourdieu, la comunidad de cine española persigue una estrategia perversa negativa que se caracteriza por "adherencia a un guión de comportamiento en contradicción con las imperativas estratégicas impuestas por limitaciones fluctuantes" (2013: 101). La ceremonia anual de los Goya, con sus protestas autodestructivas de privilegios intocables e invocaciones de símbolos augustos, antes indiscutibles, sigue el esquema propuesto por Bourdieu y Ermakoff. Históricamente esta estrategia, que sugiero que ahora se ve desafiada por la emergencia del cine de género de calidad, ha abierto un abismo entre el público español y una casta cinematográfica desposeída y desequilibrada.

¿UN CINE TELEVISIVO?

A continuación voy a proponer un nuevo paradigma para el sector audiovisual español en estos tiempos de hábitus cambiante. Primero, defiendo la importancia de un nuevo cine hostil al cine de autor del pasado o el "otro cine" actual, un formato popular enraizado en la cultura televisiva, pero no reducible a esta. Segundo, sostengo la importancia de una nueva televisión de calidad que se desmarca de la televisión cotidiana por sus ambiciones estéticas y sociales que podríamos seguir llamando cinematográficas, pero que también se nutre de las especificidades de un medio televisivo que se ha fortalecido en la convergencia con internet y las redes sociales. En cine me centro en el *thriller*, un género relativamente inusual; y en la ficción televisiva, en el algo más amplio género de ley y justicia, también poco habitual en España.

Mi primer texto es el ya mencionado *No habrá paz para los malvados* de Urbizu, un *thriller* brutalmente eficiente que acaparó los Goyas y también atrajo una taquilla doméstica de más de 700.000 personas. Cuando un poli corrupto (José Coronado, curtido en la televisión de calidad como la rompedora *Periodistas* de Tele5) tirotea a tres personas tras una juerga en un club madrileño pone en movimiento una persecución doble: su búsqueda personal del único testigo del crimen y la de una juez que se encarga de la investigación.

Con sus hábiles secuencias de suspense y acción *No habrá paz...* puede parecer una iteración ejemplar de esas producciones internacionalizadas que se conforman con seguir la estela estadounidense. Pero este hábil filme de género tiene claras referencias locales. En una de las secuencias iniciales, Coronado se encuentra en un descampado frente a los cuatro rascacielos nuevos que se han convertido en símbolos de la burbuja insostenible de la economía española. De la misma manera, a mitad del filme, el *thriller* da un giro hacia la política cuando el policía criminal se tropieza con los preparativos para un ataque de terrorismo islámico similar al que golpeó Madrid en 2004.

En una entrevista que presencié en Madrid de Cine, Coronado remarcó la estrecha conexión entre los medios de cine, televisión y teatro a través de los cuales los actores españoles de hoy en día se mueven con fluidez. Del mismo modo, la práctica de Urbizu demuestra que directores diestros pueden hacer cine de género aparentemente abstracto y derivado de una estética televisiva de EEUU sin dejar de conectar con las preocupaciones del público de cine local. En tanto que migra hacia un lugar de mayor prestigio en el mercado al integrar la calidad al guion, la actuación y la cinematografía, el cine de género se hace un medio indispensable para tratar temas sociopolíticos.

Tres años después, *El niño* (Daniel Monzón, 2014) sigue el mismo patrón: técnica a nivel de premio Goya con convenciones de género. *Thriller* de narcotráfico, no prescinde de escenas de acción de gran presupuesto con constantes escenas espectaculares de persecución por helicóptero y lancha en el pintoresco estrecho de Gibraltar. El debutante Jesús Castro, en el rol titular de un joven de ojos azules que se inicia en el mundillo de traficantes en la frontera marítima, es presentado sin reparo para nuestro deleite visual [fig. 1]. Como para confirmar que más valen como caras bonitas que como medio de exploración de temas complicados, él y una joven marroquí mantienen un romance borroso.

Fig. 1. *El niño* (Daniel Monzón, 2014)

Es precisamente a nivel del reparto, sin embargo, que *El niño* declara trascender las convenciones de género para recalar en la calidad. El inexperto Castro se enfrenta con el brusco y curtido policía Luis Tosar, un actor consagrado con varios Goya, incluyendo el de *Celda 211* (2009), el largo anterior del director Monzón. Una prensa dócil ayudó a enfatizar el tiempo dedicado a la pre-producción (unos cinco años), labor que quiso servir de garantía del capital cultural de esta segunda película. *El País* se deshizo en halagos para el desarrollo del personaje algo tópico del policía con problemas de Tosar (ORDOÑEZ: 2015), apelando a una complejidad psicológica muchas veces sinónima de calidad artística en las ficciones cinematográficas.

Aun así, el equilibrio con el medio rival de la televisión se restablece en la figura de Castro cuando este se unió al reparto de la ficción policial de Tele5 *El Príncipe* en su segunda temporada. Como veremos luego, la primera temporada había anticipado por completo la película de Monzón, tanto en su ambientación magrebí como en su enfoque hacia las tensiones geopolíticas entre España y Marruecos. Accesible y placentero, *El niño* es pues un caso extremo de mi nuevo paradigma: una película de género popular que se inserta en los nuevos mecanismos de legitimación cultural antes reservados al cine de autor u "otro cine".

Poco después de *El niño* se estrenó otro *thriller* que consiguió la consagración crítica. *La isla mínima*, película de asesino en serie ambientada en los '70 [fig 2], de Alberto Rodríguez, antes conocido por sus proyectos estelares

Fig. 2. *La isla mínima* (Alberto Rodríguez, 2014)

con el gran galán *crossover* de la televisión Mario Casas (*7 vírgenes, Grupo 7*). Ya que la ficción de época es ubicua en la televisión, pero muy infrecuente en el cine, donde la crisis ha diezmado los presupuestos, la ambientación en la Transición de *La isla mínima* ya constituye en sí misma una seña del registro televisivo de la película. Por ejemplo, *Cuéntame* de TVE (2001-) lleva más de una década explorando el periodo, y *La chica de ayer* de Antena 3 (2009) fue una ficción policial de viaje en el tiempo ambientada en el mismo momento posfranquista. Es más, el policía corrupto interpretado por Javier Gutiérrez ya sería un íntimo para el público español habituado a ver a ese actor durante los últimos cinco años como un escudero en la ya citada serie de época de TVE, *Águila roja* (2009-16).

Más allá del reparto y el formato está el empleo del género de película de asesino en serie. Obviamente mucho menos frecuente en España que en Estados Unidos, aquí se le da un barniz autóctono al situarlo en un contexto temporal y espacial específico que debe mucho a la intimidad presumida de la televisión con su público local. Por lo tanto, el personaje de Gutiérrez es más que un simple poli corrupto cuya conducta en la investigación de las varias jóvenes muertas es sospechosa, también es un veterano de las fuerzas de seguridad de Franco, que, según se revela, tomó parte tiempo atrás en asesinatos extrajudiciales.

Además, como en *El niño*, una trama criminal de estilo trasnacional se transforma a través de un ambiente distintivamente andaluz, en este caso el entrampado pantano de Doñana. Las frecuentes tomas aéreas de este paisaje particular son tanto parte de la estética como integrales a la narración. *La isla mínima* hace uso de este escenario concreto como parte de una crítica general a la Transición que invoca la memoria histórica de una forma que agradará a los árbitros del gusto izquierda-simpatizantes y telefóbicos de periódicos del corte de *El País*.

Pero la aparición otra vez del *niño del día* Jesús Castro en un malvado papel secundario aleja *La isla mínima* de las costumbres de cine de época tradicional que ahora se identifican con un *establishment* de cine desposeído y desequilibrado. La presencia de Castro, la nueva estrella intermediática, además de sus compañeros de reparto reconocibles de la televisión, reconfirma la clara conexión de *La isla mínima* con mi nuevo paradigma de cine de género tan popular como técnicamente depurado.

Como se ve, en estos *thrillers* se recurre al modo televisivo, en parte por la familiaridad de los actores, para domesticar un género hollywoodense algo distante. Aun así, estos largos se mantienen en el registro cinematográfico en las tensiones que demuestran entre las convenciones de género y sus persistentes ambiciones estéticas y temáticas. Como ahora veremos, este precario equilibrio también se nota en tres recientes series de televisión que en líneas generales son de ley y justicia. Aquí, la televisión llamada "cinematográfica" toma el relevo de la narrativa nacional antes encarnada por el cine de autor sin abandonar la serialidad que es la característica por excelencia de la ficción de televisión de larga duración.

¿UNA TELEVISIÓN CINEMATOGRÁFICA?

Tal vez cause sorpresa saber que mi primer ejemplo de televisión de calidad es la ficción de narcotráfico de Antena 3 *Sin tetas no hay paraíso* (2008-2009), una inusual adaptación española de un original colombiano. Dejándose provocar por el nombre intencionadamente picante, políticos y académicos atacaron a la serie por su supuesta ideología reaccionaria. Así se extendió la idea de que la serie promueve estándares imposibles de belleza femenina e imágenes de crimen violento y de sexo o que reduce las mujeres a pasivas Cenicientas adictas a sus amantes gánsteres .

Sin embargo, los cambios de los productores españoles al formato del original colombiano revelan las nuevas ambiciones narrativas y psicológicas de la televisión española. La trama central sigue siendo la relación de la adolescente Catalina con el jefe criminal El Duque, pero se introduce la complicación de un amor mutuo donde él la trata con cariño e incluso se opone a su deseo de ponerse las tetas epónimas del título. En cambio, en el papel-estrella de El Duque, es Miguel Ángel Silvestre cuyo cuerpo escultural sustituye a la anatomía femenina, y se exhibe para el placer del espectador (o espectadora). [fig. 3]

Inesperadamente la adaptación de Antena 3 sitúa esta historia romántica entre varios hilos narrativos nuevos que complementan y complican su sentido, tramas ausentes en la telenovela original. Por ejemplo, la familia de Catalina, de clase media-baja en vez de la situación de exclusión social que padecían en versión colombiana, incluye una madre soltera cuyo amorío con un dueño de fábrica (el veterano de cine Fernando Guillén Cuervo) ofrece una versión recíproca y respetuosa de romance heterosexual al cual ni una académica feminista podría ponerle peros. El conflicto de El Duque con los narcos colombianos arribistas que le tratan de "españolito" sugiere reflexiones inusuales sobre la nueva sumisión de una España en crisis con Latinoamérica.

Aparte de esta relativa complejidad narrativa y temática, los aspectos técnicos son de calidad. Hay exteriores frecuentes y bien escogidos que ubican una trama trasnacional en un escenario reconocible como Madrid. Cuando

Fig. 3. *Sin tetas no hay paraîso* (2008-2009)

El Duque se ve obligado a fugarse de su territorio, tres capítulos incluso se desarrollan y ruedan en Colombia, una localización todavía exótica para el espectador español.

A pesar del alcance del enfoque y la complejidad cinematográfica, la serie busca la domesticidad y la proximidad televisivas. Por ejemplo, después de un día difícil, la madre de Catalina le prepara "tortilla española", comida nacional por excelencia. Los aficionados del *show* reconocen con orgullo que la actriz que hace de Yéssica, la amiga-enemiga de Catalina, es gallega, igual que ellos. Por su parte, Silvestre rebaja el tono febril de las preguntas sobre su físico o sus escenas desnudas (como también lo haría "el niño" Jesús Castro) aludiendo a sus orígenes plebeyos en Valencia. Por consiguiente, la producción y la recepción del programa se hacen plenamente autóctonas de la misma manera que el cine de localizaciones que estudié en la primera mitad de este artículo, pero la domesticidad creada a lo largo de tres temporadas exitosas hace más hondo y duradero el vínculo de la serie con el público.

La feminización de esa audiencia efectuada por *Sin tetas...* se confirma en una serie de televisión de calidad de tan diferente estirpe como es *El tiempo entre costuras* (Antena 3, 2013). En consonancia con el formato de miniseries que para Buonanno es sinónimo del estilo europeo de calidad canónica, este romance de época y adaptación literaria se programó para tan solo 11 capítu-

Fig. 4. *El tiempo entre costuras* (2013-2014)

los. Aprovechando la convergencia entre las estéticas de cine y televisión, ofreció algunas de las más glamurosas y placenteras imágenes jamás vistas en España, en pequeña o gran pantalla. [fig. 4]

El tiempo entre costuras es una ficción histórica de gran presupuesto sobre una costurera devenida espía. A primera vista, una ficción de época no parece ninguna novedad. El horario de sobremesa de Antena 3 está repleto de obras históricas y sus trajes de rigor. Sin embargo, Antena 3 buscó crear una ficción de cita obligatoria completamente ajena al ritmo diario de las telenovelas al mantener el serial bajo un tupido velo durante casi doce meses, esperando la fecha certera y dejando crecer la anticipación. La emisora tuvo su recompensa al promediar la cifra extraordinaria de cinco millones y un *share* de 25,3% a lo largo de la serie.

La innovación clave y la mayor atracción de *El tiempo entre costuras* es que es literalmente una "ficción de trajes" (en lengua inglesa *costume drama*). Después de unos inicios a solas y sin amparo de nadie en Marruecos, la protagonista se convierte en la costurera más solicitada y de moda de su Madrid nativo. Mucha de la acción de los últimos capítulos tiene lugar en Lisboa donde Sira seduce a un hombre de negocios ligado a los Nazis.

Tres elementos dejan que *El tiempo...* encaje en el marco de la calidad. El primero es la atención minuciosa a la puesta en escena. Cada toma está perfectamente compuesta y cuidada, desde el desfile de trajes exquisitos a los lujosos y auténticos escenarios. Pero dado que la narrativa está centrada precisamente en la moda como trabajo y astucia femenina, el vestuario extravagante (aparentemente incongruente en una Europa en guerra) está fundamentado en la trama y no es superfluo.

Un segundo elemento de calidad es la actuación de la estrella Adriana Ugarte, perfectamente peinada y arreglada en cada escena. Como hemos visto en el caso de *Sin tetas...*, las series españolas suelen ser de repartos corales. Así, es muy poco habitual que un actor (en este caso, una actriz) soporte el peso entero de la ficción sobre sus hombros elegantemente ataviados. Además, Ugarte, que aparece en casi cada toma, hace un papel sumamente controlado que no podría estar más lejos de lo telenovelesco. La artista trae sobriedad e intensidad a una trama que podría haber sido algo empalagosa. Es más, el ritmo marcadamente lento de la trama también intensifica su prestigio al parecer encontrarse (como el personaje de Sira) fuera del tiempo.

Esto nos lleva a la última característica de la serie: su relación con la historia. La narrativa mayor de la Guerra Civil y el Nazismo solo aparece como tangente a las historias de los trajes, el trabajo femenino y las exploraciones de la psicología femenina. *El tiempo entre costuras* podría entonces leerse como una vuelta a las miniseries españolas de los '70 y '80 que siempre eran adaptaciones de la literatura clásica. Como por ejemplo *Fortunata y Jacinta* de TVE, la serie televisiva de *El tiempo...* ostenta una producción de lujo, algo inaccesible (como se notó antes) a los directores de cine españoles, cuyos presupuestos (como también se mencionó) han sido reducidos con la crisis.

El presupuesto holgado de Antena 3 transforma la televisión cotidiana en un objeto estético que ofrece un intenso placer visual. Pero mientras que los seriales clásicos de la Transición sirvieron (como ha demostrado Palacio) para educar los españoles en las nuevas responsabilidades de la democracia, la moraleja de *El tiempo...* es más difusa y privada al centrarse en la realización emocional y económica femenina. Por lo tanto, *El tiempo...* apuesta por enganchar a un sector demográfico de calidad que, a diferencia de la mayoría de las series españolas no es el público familiar, sino mujeres adultas, sin hijos y profesionales.

En el mismo año que se estrenó *El tiempo...* en Antena 3, Tele 5 apostó por la serie policial experta *El Príncipe* (2014-16), también con ambientación magrebí, aunque esta vez en el enclave español de Ceuta. *El príncipe* trata el tema del tráfico de drogas que vimos en *Sin tetas...* y añade el tema del terrorismo islamista. El papel del poli corrupto de José Coronado retrotrae el espectador a su personaje similar en el largo *No habrá paz...* A su vez, *El Príncipe*

Fig. 5. *El prîncipe* (2014-2016)

pone en escena una historia de amor compleja e intrigante entre un agente encubierto (Álex González) y una maestra musulmana (Hiba Abouk). [FIG. 5] El personaje de Abouk representa la primera vez que un actor español de ascendencia árabe tiene un papel principal en una serie de televisión, o de hecho, en una película. La exploración del tema amoroso transcultural es más sutil y sensual en *El Príncipe* que en el *thriller* de temática similar *El niño,* que además se estrenó después del término de la primera temporada de la serie.

Al tratar del yihadismo, uno de los temas más cargados de la política y la sociedad española contemporánea, *El Príncipe* tiene claras aspiraciones al rango de [la] narrativa nacional. La estética de la serie también aspira al mismo nivel de importancia y calidad. En vez de rodar sobre el terreno, el equipo de producción usó el Digital Backlot de Stargate Studios, conocidos por su trabajo con las series de calidad americanas *Mad Men* y *The Walking Dead.* La persecución a toda velocidad que abre el primer capítulo de la serie no tiene nada que envidiar a *El niño* y la trama laberíntica, con logrados finales en suspense, se basó en un guión que se planificó como una totalidad artística y en donde cada nota encaja a la perfección.

Sin embargo, es precisamente en este sentido que *El Príncipe,* a pesar de sus alardes de calidad cinematográfica, es más televisivo. El efecto narrativo depende por completo de la serialidad de televisión de largo recorrido y su catarsis emocional en el tiempo que los espectadores hayan convivido con sus personajes. La densidad de la trama de la serie hace que el largometraje *El niño* parezca plano y superficial en comparación. Es más, las reflexiones de *El Príncipe* sobre el amor y la violencia intercultural son más complejas que las de cualquier película española hasta la fecha.

Fue en la estela de *El Príncipe* que Tele5 desperdició su nuevo prestigio al mandar a Marruecos la odiada estrella de telerrealidad Belén Esteban. Por lo tanto, podría parecer que cada medio regresa a su media. Aun así, he defendido que, en el nuevo paradigma de medios españoles, el cine de género emergente también apela a las virtudes televisivas de proximidad y localización para convertir en autóctono el género extranjero del *thriller*; y que cuando se ven en un televisor de pantalla ancha, la estética de los largometrajes y de las series que he comentado coinciden perfectamente. Después de que *La isla mínima* triunfara en los Goyas su productor Mikel Lejarza, más conocido por sus series televisivas, describió su empresa Atresmedia (empresa matriz de Antena 3) como un "grupo comprometido con la creación cultural" y con "el tratamiento de contenido audiovisual" (en general) para un público que no dudó en denominar "inteligente" (Premios Goya 2015). La convergencia industrial de cine y televisión no podría resultar más evidente.

La ficción televisiva española ha logrado por lo tanto una marca distintiva de calidad, híbrida entre la respetabilidad cultural propia de Europa según Buonanno y el tono más innovador y atrevido de los productores norteamericanos. Tras el periodo problemático ya citado en la discusión de Madrid de Cine al comienzo de este artículo, el cine español ha captado una cuota del público doméstico histórica en 2014, no en menor parte por las dos películas aquí referidas. Todavía más sorprendente es el trato celebratorio de la prensa a estos dos *thrillers* los cuales se vieron incluidos en los halagos al éxito comercial y artístico de la producción cinematográfica del año (ORDOÑEZ: 2015). Como coda, yo sugeriría que más allá de apreciar la nueva ola de cine experta y popular y rechazar el desajuste y desposeimiento de la casta de cine, habrá que prestar más atención a las series de televisión españolas, ya que son narrativas nacionales sumamente hábiles que atraen a un público mayor y más duradero que cualquier película.

BIBLIOGRAFÍA

AMAGO, S. (2013), *Spanish Cinema in the Global Context,* New York y London: Routledge.

BENET, V. J. (2012), *El cine español: una historia cultural,* Barcelona: Paidós.

BUONANNO, M. (2014), "Quality Television and Transnational Standards", Conferencia leída en Graduate Center, CUNY, el 21 de noviembre.

Caimán (2013), Suplemento especial: "El otro cine español".

FAULKNER, S. (2013), *A History of Spanish Film: Cinema and Society 1910-2010,* London: Bloomsbury.

ERMAKOFF, I. (2013), "Rational Choice May Take Over", en Phillip S. Gorsky (coord.), *Bourdieu and Historical Analysis,* pp.89-106. Durham: N.C., Duke University Press.

OBITEL. (2013), *Memoria social y ficción televisiva en países iberoamericanos.* Consultado el 7 de agosto de 2015.
https://blogdoobitel.files.wordpress.com/2011/04/obitel-2013-espanhol.pdf.

ORDOÑez, M. (2015), "Hora punta del cine español" *El País,* 7 de febrero. Consultado el 7 de agosto de 2015.
http://cultura.elpais.com/cultura/2015/02/04/babelia/1423068329_126196.html.

PALACIO, M. (2012), *La televisión durante la Transición española,* Madrid: Cátedra.

PREMIOS GOYA. (2014), "La forja de una carrera", 13 de marzo. Consultado el 7 de agosto de 2015. http://premiosgoya.academiadecine.com/actualidad/detalle.php?id=471.

TELE 5. (2014), "Los ojos de Belén: Marruecos" 2 de febrero. Consultado el 7 de agosto de 2015.
http://www.telecinco.es/losojosdebelen/a-carta/ojos-Belen-Marruecos-T01xC05_2_1748280198.html

Transmutaciones de la ficción a la biografía. Narrativas en torno a la vida de la protagonista de La vendedora de rosas

Ana María López C.

Universidad Pontificia Bolivariana

Una de las características de la convergencia digital es la multiplicidad de los productos audiovisuales surgidos en torno a una misma idea creativa o como derivaciones de un origen exitoso. En este texto nos proponemos analizar las múltiples producciones narrativas que han aparecido a partir de la película colombiana *La vendedora de rosas* de Víctor Gaviria, y en particular aquellas basadas en la vida de su protagonista. La película estrenada en 1998 en el Festival de Cannes mostró un duro retrato de los niños de la calle en Medellín y generó un fructífero debate en torno a las representaciones sociales y al valor cinematográfico de las mismas. La película se ha convertido en una de las más importantes del cine latinoamericano del denominado *realismo sucio* (León, 2005), y es un importante referente en la cinematografía colombiana. Gaviria, conocido por su trabajo con actores naturales, eligió como protagonista para su segundo largometraje a Lady Tabares, quien a muy corta edad vivió la experiencia de la calle, lo cual le permitió interpretar a Mónica, una niña que vendía rosas. Tras la participación en la película, Lady se convirtió en una figura pública y su vida ha sido y sigue siendo narrada de diversas maneras y por diferentes medios.

Conociendo los riesgos y posibilidades que tenían quienes trabajaron con él en sus dos primeros largometrajes, Gaviria procuró que la protagonista de su segundo largometraje continuara actuando inmediatamente después del estreno del filme. Aunque trabajó en un canal de televisión nacional como actriz de la telenovela *La guerra de las rosas* (1999), la vida de Lady Tabares no fue lo esperado y poco tiempo después se vio involucrada en un asesinato. Su fama incrementó la dimensión del hecho, que se convirtió en noticia y Lady fue condenada a 26 años de prisión por homicidio. Estuvo en la cárcel durante más de diez años, pagó parte de su condena en casa por cárcel y al finalizar este texto aún está bajo libertad condicional. La vida de Lady Tabares, protagonista de la película, se convirtió en una historia que la audiencia empezó a seguir a través de las noticias, pero además la publicación de un libro, una serie radial, un documental y finalmente un seriado de televisión dan cuenta de un fenómeno que traspasa fronteras.

En la primera parte de este texto queremos revisar la relación entre el cine y la literatura a partir de la adaptación del cuento *La vendedora de cerillas,* que da el argumento al filme. Así mismo, nos interesa reconocer la relación entre la vida de la protagonista y el personaje que interpreta, pues de ella surge parte del fenómeno que da lugar al desarrollo de las narrativas posteriores. En la segunda parte nos ocuparemos de las producciones derivadas de la película realizadas en el 2015, en particular el libro *Leidy Tabares, la niña que vendía rosas*, el documental *Lady, mi historia* y la serie de televisión *Lady, la vendedora de rosas.* En la tercera y última parte nos interesa revisar los contenidos noticiosos y la relación con las redes sociales.

LA LITERATURA COMO ARGUMENTO

Como propone Jorge La Ferla, «en la investigación sobre el audiovisual un punto de partida siempre es la realidad del cuerpo humano en su relación con el mundo» (2009: 33). En este caso, el punto de partida fue compartido con la literatura, pues el argumento de la película está basado en el cuento *La vendedora de cerillas,* de Hans Christian Andersen, pero es la protagonista del filme y su historia de vida lo que da cuerpo al relato y a las múltiples narrativas que tienen lugar en torno suyo. Este origen bien se puede entender desde la relación cine y literatura, pues logra desarrollar una adaptación del argumento y generar una producción con total autonomía creativa, temática y estética. Como lo confirma Lisandro Duque Naranjo en el prólogo de la publicación del guion de *La vendedora de rosas, guion cinematográfico,*

> Adoptar el texto de Andersen fue decisivo como eje narrativo, como brújula hacia un final convincente, como cinturón de castidad dramatúrgica que los cuidara de ser devorados por la infinitud de primicias trágicas que constituyen la cotidianidad de los niños y niñas de las populosas comunas de *Medallo.* (2012: 9)

Así, los elementos que conserva del relato original le sirven al cineasta como el argumento en el que logra construir una imagen de situaciones concretas del contexto social de Medellín. Esta localización es uno de los elementos que otorgan mayor autonomía al relato. La Medellín de la década del noventa, ciudad que había despertado aturdida con el sonido de las explosiones de bombas, causadas por las guerras de los carteles del narcotráfico. Esta sacudida apenas dejaba ver a la sociedad fenómenos que Gaviria había comprendido mucho antes. Mientras la ciudad todavía estaba tratando de entender el fenómeno de los jóvenes sicarios, ya el cineasta había identificado otro rostro de la ciudad que pocos parecían ver, el de los niños de la calle. Las condiciones del escenario local fueron propicias para el trabajo de guion. A ello se sumó el trabajo de conocimiento de la ciudad y el reconocimiento de los rasgos locales que ya estaban presentes en *Rodrigo D no futuro* (1991), la ópera prima del director. Entre los elementos que están presentes de manera singular en cada historia y en cada contexto se encuentra el trabajo lingüístico. El reconocimiento y validación del uso del lenguaje callejero, y en el caso de *La vendedora de rosas* el vocabulario soez, se mantiene como una señal de identidad que pertenece a los protagonistas y que enriquece el universo narrativo y estético del filme. No limpiar este lenguaje hasta normalizarlo, sino por el contrario mostrar sus matices, es una decisión que le permite al cineasta acercarse de manera sensible al universo al cual pertenecen los protagonistas, y de este modo logra llevarlo a los personajes que interpretan. De esta manera se construye una vinculación entre el mundo de los protagonistas y el de los personajes. Y a su vez estos rasgos construyen una distancia con la obra literaria y le otorgan autonomía a la película. La representación que construye Gaviria ofrece una imagen cercana de la ciudad, y es por esta razón por la que en ambos casos las audiencias locales criticaron y rechazaron las películas. El fenómeno lingüístico y las prácticas presentes en ambos filmes de este director es lo que materializa los márgenes y genera distancia con la institucionalidad. Por esto, la presencia de la literatura no está en función de la búsqueda de un mundo particular, sino que tiene lugar como una estrategia de orden formal, pues le permitió al equipo de escritura del guion organizar las experiencias de los personajes y el rudo contexto en función de una estructura dramática.

El relato del filme se adentra en la más dura realidad de la calle que ocurre frente a la sociedad que convive indiferente con el abandono de los niños, el consumo de sustancias psicoactivas, la explotación y el maltrato infantil. Sobre Medellín, Lizardo Herrera propone en su tesis *Ética, utopía e intoxicación en Rodrigo D. No futuro y La vendedora de rosas* que:

> Hay una guerra sin cuartel entre una modernización que se expande por la ciudad inaugurando obras modernas y trayendo nuevas tecnologías o modos de vida entre los que se destaca el ambiente de las discotecas; frente a unos "pies descalzos" marginales que se toman el centro haciendo de las calles su hogar. (2009: 215)

Esta descripción de la ciudad es la que explica y hace verosímiles varias escenas de la película. La reiteración de la añoranza del paraíso perdido y el final evidentemente trágico hacen parte al mismo tiempo del gesto poético y de la crítica a la sociedad. Es por esta razón que la clara pertenencia de este filme a la ficción no ha sido obstáculo para que la película haya sido entendida como un documento social que genera preguntas y reflexiones sobre un momento histórico, y quizá también es la razón por la que la vida de Mónica, el personaje de la historia, se ha homologado con la biografía de la protagonista Lady Tabares. No obstante, entre la vida de Mónica y la de Lady existen diferencias que no dan lugar a equívoco. Si bien la vida de Lady está llena de dificultades, el relato que interpreta está fuera de cualquier asunto biográfico. Por esta razón, es importante recordar que la protagonista inicial, que había elegido Gaviria, se llamaba Mónica Rodríguez, y fue reemplazada por Lady Tabares, debido a que el tiempo que tardó en encontrar la financiación de la película fue tan largo que mientras tanto la protagonista crecio.[1] Por otro lado, si bien el método de trabajo de Gaviria es conocido por sus herramientas de carácter etnográfico, para la película *La vendedora de rosas* se involucró también un trabajo de escritura de guion en el que participaron además del director, los guionistas Carlos Henao y Diana Ospina.

Las virtudes de la película, que le han valido su lugar en el cine latinoamericano y especialmente en el cine colombiano, son necesariamente consecuencia de un trabajo y un método que está atravesado por la sensibilidad poética del director. Como plantea John Beverley, Gaviria piensa que esas vidas, «en la forma en que son, no como deben ser, tienen valor, tienen importancia» (2011). Esta visión tiene también un anclaje formal que bien podría sintetizarse en el trabajo con actores naturales que ha sido explorado por Gaviria desde sus primeros trabajos. Su preferencia por trabajar con personas más que con actores profesionales responde también a la búsqueda de verosimilitud, porque según él, quien mejor podrá representar los personajes son aquellos que los inspiran, así lo explicó a propósito de uno de sus primeros cortometrajes.

> Cuando filmé *Los habitantes de la noche* descubrí un gran actor natural que era el locutor de un programa nocturno llamado

1. Sobre la historia de Mónica Rodríguez encontramos dos versiones. La de la tesis de Herrera (2009: 214) según la cual Mónica murió tres meses antes de comenzar el rodaje, y la de Gallo (2015), que en su artículo afirma que fue asesinada durante el rodaje de la película.

> Alonso Arcila y utilicé también actores escogidos por su físico, por su apariencia, es decir mediante un *casting* exterior, no me funcionaban. En cambio, cuando utilizaba un celador o un locutor que hacía de locutor, la película se volvía interesantísima. Había más autenticidad y seguía trabajando con actores naturales, aprendiendo cómo eran, cómo se manejaban, cómo se metían en la película. (Rufinelli, 2009: 21)

En el caso que nos ocupa, el trabajo con actores naturales tuvo otras implicaciones, pues no se trataba simplemente del ejercicio de oficios determinados, sino de asuntos ontológicos atravesados por aspectos sociales. Esta capacidad de poner en escena el mundo de los niños de la calle reveló también a la sociedad local que como audiencia rechazó la imagen con la cual no se sintió cómoda: la imagen de una ciudad construida desde el valor de las vidas de los seres invisibles. La transcendencia de la película ha sido paulatina, y pese a este rechazo, el público la identifica y sobre todo recuerda a la protagonista como un personaje entrañable. Este sentimiento, así como la importancia de la película, ha sido una construcción, y en buena medida la visibilidad de la protagonista en medios de comunicación nacional lo que ha acercado la película al gran público.

Como lo mencionamos anteriormente, la transferencia de rasgos identitarios de grupos sociales a los personajes genera una fusión entre unos y otros, la literatura aporta la estructura dramática, pero la vida que los inspira aporta los matices y los sentimientos. Por esto Lady Tabares, aunque dejó de ser Mónica, nunca dejó de ser *La vendedora de rosas*, y la historia de su vida se impuso a la vida de la protagonista que como epifanía muere al final del argumento de filme.

EL MELODRAMA PERFECTO ES LA VIDA REAL

La vida de Lady Tabares después de participar en la película empezó a reunir elementos propios de los cuentos de hadas. Una niña de la calle que se convierte en una estrella de cine y asiste con los actores famosos al gran escenario del *glamour*, el Festival de Cannes, con una película nominada a la Palma de Oro. Las crónicas del periódico *El Tiempo* de la época lo registran así:

> El Zarco y Lady Tabares fueron estrellas en Cannes. Fotos con Almodóvar, entrevistas y conferencias sobre su vida en Medellín

> circulaban gracias a las agencias de prensa y hacían pensar seriamente en la posibilidad de que *La vendedora de rosas* ganara un premio, en mayo de 1998 (A.C., 2000).

Al regresar de Cannes, en Colombia la vida de los protagonistas continuó sin grandes cambios. En el libro *Lady Tabares, la niña que vendía rosas*, Édgar Domínguez recoge las anécdotas de esos días. Cuenta que Lady vivía en una pensión del centro con sus amigas, y que cuando se estrenó la película vendían rosas a la entrada del cine (2015: 107). En esta biografía, los detalles de la cotidianidad, la relación con los amigos, con su madre y las historias de amor construyen un retrato honesto. Los momentos más críticos en la biografía no son necesariamente los que están en la prensa, sino justamente los que vivió en soledad, sin trabajo, sin amigos y sin dinero.

La primera edición del libro es del año 2003 y en la segunda edición, del 2015, se amplían detalles del regreso a su casa, en medio del dolor y la contradicción. A partir de este libro se creó la serie, no obstante, es importante aclarar que esta se preocupa más por el contexto y los hechos que ya han sido contados o por agregar subtramas que intensifican el drama y que poco tienen que ver con lo vivido por Lady.

Lo que la prensa ha construido con esta historia ha preparado al público para recibir el relato de la vida de Lady. Como lo propone Ángel Quintana:

> En el futuro el cine ideal deberá funcionar como un modelo de espectáculo en que los personajes se separen del lazo que los une a la pantalla para acabar habitando en el interior de nuestras propias casas, como si fueran nuestros familiares o amigos íntimos. (2011: 91)

Este planteamiento se materializa en lo acontecido con Lady, cuya vida se desprende del personaje encarnado en la película, y su historia es la que llega al espacio privado mediante la telenovela como el formato que permite esta cercanía cotidiana y esta convivencia íntima con el personaje. Primero con el personaje de *La guerra de las rosas,* en el que actuaba, pero también a través del seguimiento de su vida que hacían los medios.

En diferentes momentos la vida de Lady ha estado en las primeras páginas de la prensa nacional; podemos mencionar, entre ellos, el nacimiento de su primer hijo, la acusación por parte de la justicia, su ingreso en la cárcel y finalmente su retorno a la casa en el momento que tuvo la libertad condicional. No obstante, ninguno de estos hechos se compara con el despliegue mediático

Fig. 1. *Lady, mi historia* (2016)

que tuvo el lanzamiento de la serie sobre su vida. De nuevo, como cuando protagonizó la película, volvió a la prensa rosa, a las revistas de farándula y a los programas de la vida de los famosos. En medio de esta abundante producción que incluyó sesiones de fotos, y traslados del *set* a su casa por cárcel, también apareció el documental *Lady, mi historia.* Se trató de un producto realizado por el mismo canal y se emitió como antesala al lanzamiento de la serie. [fig.1] Frente al despliegue mediático y publicitario, esta producción tiene una serie de particularidades que la diferencian de las demás. En primer lugar, aunque fue parte de la promoción, no es una pieza publicitaria ni periodística, sino que construye una enunciación documental. También es importante señalar que tuvo una duración de más de 70 minutos, y que tanto en su formato como en su contenido presenta autonomía narrativa y discursiva. Adicionalmente, entre la producción más destacada sobre la vida de Lady es de las pocas piezas que fue hecha por una mujer. En este caso, la periodista y documentalista Natalia Orozco fue quien se encargó de contar la vida de Lady, y su decisión fue contar el presente más que volver sobre hechos del pasado. El regreso de Lady a su casa, la relación con sus hijos y la búsqueda por reconstruir su vida son el centro del relato. Las decisiones de la directora le otorgan a esta pieza unas características que no tienen las demás y es que quien cuenta la historia es Lady. No solo se trató de un recurso formal el que Lady grabó los audios, sino que es ella quien construyó los textos. En esta pieza como en ninguna otra, ni siquiera en el libro de su biografía, podemos escuchar la voz de Lady, pero sobre todo sus preocupaciones e intereses. Así mismo, es posible señalar lo desapercibido que pasó el documental, y la falta de interés que despertó incluso para el mismo canal, que solo lo emitió una vez y ni siquiera lo tiene en el sitio web de ventas internacionales de las producciones propias. En este sentido, puede entenderse que el documental hiciera las veces de *retrato viviente*, (Niney, 2009: 53), pues cuando Lady regresa a su casa después de haber pasado 12 años en prisión, se da cuenta de que la casa necesita ser reconstruida y este se convierte en el motivo principal del documental. En la primera secuencia, la imagen de Lady pintando su casa rememora escenas del pasado, que no fueron exhibidas por los medios.[2] Esta secuencia revela la imagen de una mujer que no se parece a la niña de la película y que ahora tiene otros desafíos. A diferencia de un reportaje de más de cuarenta minutos producido por la competencia –en el formato del programa de televisión *Se dice de mí,* en el que refuerzan los estereotipos de la vida de Lady, su fama, su sufrimiento y su condena–, Orozco hace una inmersión en la cotidianidad de la protagonista, en la cual su cuerpo, sus gestos son puestos en imágenes. Estas elecciones estéticas y narrativas hacen que la historia de la vida de Lady se parezca poco a un cuento de hadas o a un melodrama de infortunios. Más bien presenta la ambigüedad del personaje, su lucha y su fracaso. La distancia que la ficción establece en la película de Gaviria, y en la serie para la televisión, en este documental desaparece y en su lugar se establece una distancia con el público, a partir del conocimiento del presente en el que el personaje tiene una vida ordinaria, lejos del *glamour* de los medios. Se esquiva la mirada como cuando no se quiere ver aquello que nos produce espanto, que nos devuelve una imagen que algo nuestro tiene, o de la que hacemos parte porque, como dice Lady al comienzo del documental, «Mi historia confirma que siempre es más difícil vivir que actuar (...) en el cine, la escena simplemente se repite, en la vida, los errores se asumen».

A diferencia de la vida que cuenta el documental, la serie ofrece otra propuesta, en la que la estética y ética son completamente distintas. A pesar de que se clasifica como un seriado, no se estructura en temporadas ni cuenta con autonomía narrativa en cada capítulo, sino que tiene un desarrollo secuencial. En la plataforma Netflix, la serie tiene setenta y ocho episodios, pues originalmente fue producida para emisiones diarias por televisión. Estas características de telenovela nos sirven como base para entender las decisiones

2. Nos referimos a los trabajos que requirió la casa. Adicionalmente que tomamos la referencia de 12 años de lo que cuenta Lady en el documental *Lady, mi historia*.

narrativas y las formas de distribución y consumo. Elementos como la fotografía, la dirección de arte, la musicalización y la construcción visual en general, tienen los más altos estándares de calidad. Asimismo, el montaje alternado mantiene la tensión de la trama con líneas dramáticas que intentan dar cuenta del contexto que rodeaba a la protagonista. Adicionalmente, la tradición de las telenovelas en Latinoamérica ha sido un fenómeno que ha formado a las audiencias y ha convertido este formato en el predilecto de las casas productoras, que tienen claro el éxito commercial.[3]

El consumo de las telenovelas como forma de entretenimiento es un fenómeno que ha sido estudiado y relacionado con la modernidad en América Latina. Como producto para las masas la telenovela deberá suscribirse a una estética destinada a ellas y que se opone a la tragedia, así lo plantea Herman Herlingahus:

> la imaginación melodramática, en cambio, no advierte un final. Subvierte el mundo del buen gusto y de las reglas establecidas con las historias más inverosímiles cuya única promesa es el amor sin límites. Es una imaginación obsesiva que prolonga la rabia y el deseo cotidiano en aquellos cuyo mundo no existe justicia superior. (2002: 14)

En la serie, la advertencia es clara: los hechos, personajes e instituciones son ficticias, no obstante está basada en el libro de Edgar Domínguez, en cartas y testimonios. Los personajes de esta serie están notoriamente caracterizados, los roles son claros y se mantienen valores de la sociedad normalizada. Los discursos sobre la familia, las instituciones, el bien o el mal, entre otros, permanecen inalterados. En la serie, Lady es una jovencita ejemplar que asume la responsabilidad de su mamá alcohólica. En las historias que involucran delitos, o situaciones límite, ella es víctima de las circunstancias. Los eventos y los personajes que la rodean son los causantes de los problemas y los infortunios. En los hechos que se retoman del libro, las resoluciones son diferentes y atienden a la lógica de la telenovela, más que a la serie como se ha propuesto en los formatos contemporáneos. La trama se amplía en detalles de aspectos cotidianos sin escatimar en la extensión en el tiempo. Como lo propone Sandra Carli, «lo real deviene espectáculo, la realidad es puesta en escena para un ob-

3. Para un estudio más detallado de la tradición de la telenovela y sus estudios véase los trabajos de Martín Barbero.

servador anónimo recluido en la intimidad del hogar» (2006: 88), pero también la realidad es recompuesta en función de las necesidades del *rating*. La estética de la serie impone la distancia con el universo de lo real que estaría vinculado a la historia de la protagonista. A través de la ficción melodramática se privilegia la expresión del sufrimiento. El llanto y la literalidad en la representación hacen que desaparezca toda reflexión sobre la sociedad representada.

EL DISCURSO NOTICIOSO SOBRE LA VIDA DE LEIDY TABARES

La serie hace un repaso por la vida de Lady Tabares, que ha tenido un correlato noticioso, pues cada acontecimiento, vicisitud o escándalo ha sido blanco de la prensa. Después de la película, el periodista Yamid Amat emprendió una campaña a la que se sumó la empresa privada para donarle una casa a la actriz, la casa fue entregada el 19 de diciembre y la prensa registró este hecho sin entrar en detalles sobre el estado del inmueble (Agudelo, 1998; Restrepo, 1998).[4] Así mismo, su paso por la televisión o el nacimiento de su primer hijo fueron noticia. Bajo el titular *Floreció Leidy, la vendedora de rosas,* el periódico de circulación nacional *El Tiempo*, publicó sobre el nacimiento de su hijo una nota fría y escueta, como un informe técnico y con detalles irrelevantes.

La prensa ha descrito la vida de Lady como algo de película, como un cuento, como una vida sacada de ficción o como una tragedia.

> Después del éxito de La vendedora de rosas, la popular cinta de Víctor Gaviria, nadie se imaginaría que la vida de su protagonista sigue siendo tan trágica como la que se ve en la pantalla. (*Semana*, 1999)

Si en principio resultó de interés su procedencia de la calle, luego volver a ella fue la noticia. Pero quizá los momentos que la prensa más ha aprovechado son los relacionados con sus problemas con la justicia. Las múltiples notas de prensa reúnen los más variados géneros, entre ellos noticas, crónicas, entrevistas y hasta artículos de opinión. Repiten las mismas anécdo-

4. En el momento de mayor popularidad y tras una frase pronunciada en la película por otro personaje, pero de autoría de Lady, "para qué zapatos si no hay casa" se convirtió en la motivación para esta campaña, no obstante, al poco tiempo la casa mostró problemas en su construcción, principalmente averías en el techo que generaban filtraciones y daños en las paredes.

tas, vuelven sobre los mismos pasajes de la vida y hacen las mismas preguntas. Estos hitos o hechos importantes generan una estructura dramática que es la que ha sido aprovechada por la serie. Durante el 2015, el lanzamiento de la serie sobre su vida volvió a poner a Lady Tabares en la primera plana de los periódicos. Esta vez, se repasaron los acontecimientos de su infancia, la participación en la película, la vida en la cárcel; casi todos acontecimientos conocidos. A diferencia de las noticias que contaron lo ocurrido en su vida, en la información que ha rodeado el lanzamiento de la serie hay un matiz promocional, no obstante, esto le ha permitido a Lady tener voz de nuevo y reflexionar sobre su experiencia en la cárcel y su vida privada. Sus declaraciones dan cuenta de que hay una mayor conciencia de que es un personaje público y en particular ha dejado clara su postura frente a la fama. «¡No! [Silencio]. Creo que no solo no estuve preparada para la fama, sino que todavía no lo estoy. Es que a veces, en el fondo, he pensado que no quiero esta fama» (Montoya, 2015). No obstante, Lady la asume y ahora empieza a incursionar en redes sociales, Facebook y Twitter principalmente, desde donde sigue contado parte de su vida. Así ocurrió el 8 de enero de 2017 cuando publicó la foto de su boda con Cristina Londoño y los medios reprodujeron la publicación.

Cuenta de Twitter de Lady Tabares. La imagen de la portada corresponde al documental *Lady, mi historia.* Septiembre de 2017 [fig. 2].

Fig. 2. Cuenta de Twitter de Lady Tabares

CONCLUSIÓN

La industria del espectáculo fagocita el relato y lo convierte en un producto a la medida de lo que ha funcionado para las audiencias. En relación con la función del melodrama, la serie de televisión lo que hace es extraer el personaje del circuito del cine autoral que no gozó de gran acogida y presentar su vida, sus fantasías –esta vez ya no asociadas a las alucinaciones, sino a los destellos de las promesas de la fama– y al final, el fracaso de estas promesas, que es en resumen la cotidianidad de las mayorías. Así, se genera una intertextualidad que supera la vinculación de la película y la serie, y se extiende a los públicos que ilusoriamente comparten referentes. Mientras que el universo de la película está centrado en la marginalidad, en el mundo fuera de la norma y en la restitución de humanidad de los personajes a través del tratamiento poético, la serie regula el universo del personaje y se le presenta desde una perspectiva comprensible y con un lenguaje visual y verbal aceptado.

En las diferentes derivaciones es posible reconocer particularidades y entenderlas como productos con autonomía creativa, discursiva y mediática. Cada una de las producciones derivadas de la atracción que ejerció la película y la vida del personaje son relatos que hacen pensar que más allá de la transposición de un mismo relato a lenguajes diferentes, o la ampliación del universo narrativo, nos encontramos con relaciones de intertextualidad.

Quizá la imagen de Natalia Reyes, la actriz que interpretó a Lady en la serie, quedará fijada en la memoria de los espectadores, principalmente de las nuevas generaciones. Es esta la imagen que ahora se asocia al apelativo *la vendedora de rosas*, con ella queda atrás la humanidad de los niños de la calle que en algún momento la película, y ella misma a través de su insistencia, quiso hacer visible. Pero como afirma Henry Jenkins «la historia nos enseña que los viejos medias nunca mueren, y ni siquiera se desvanecen» (2008: 24), por esta razón la película convive hoy con otras historias y circula a otros dispositivos fuera del ámbito cinematográfico. Los formatos unitarios como la película, el libro y el documental quizá no lleguen a las multitudes, pero las narrativas mediáticas como las noticias o la información en redes mantienen un vínculo y serán la respuesta a las nuevas preguntas y a nuevas audiencias.

BIBLIOGRAFÍA

AGUDELO, J. (19 de diciembre, 1998), «¡Qué cuca de casa!», *El Tiempo*, 8D.

AUTOR CORPORATIVO. (2000), «Destinitos fatales», *El Tiempo*. 27 de febrero de 2000. Archivo digital. < http://www.eltiempo.com/archivo/documento/MAM1209863>

BEVERLEY, J. (2011), «Los últimos serán los primeros», *Revista La Fuga*, n.°12, <http://2016.lafuga.cl/los-ultimos-seran-los-primeros/440>

CARLI, S. (2006), «Ver este tiempo. Las formas de lo real», en INÉS, D. *et al.* (eds.), *Educar la mirada: políticas y pedagogías de la imagen*, Manantial FLACSO-Argentina: Fundación OSDE, pp.87-96.

DOMÍNGUEZ, E. (2013), *Leidy Tabares la niña que vendía rosas*, Bogotá: Intermedio.

DUQUE NARANJO, L. (2012), «Prólogo», en GAVIRIA, V. (autor), *La vendedora de rosas: guion cinematográfico,* Medellín: Fondo Editorial Universidad EAFIT.

GALLO, I. (28 de diciembre, 2015), «La verdadera vendedora de rosas que existió en Medellín», *Las 2 Orillas*, <https://www.las2orillas.co/la-verdadera-verdadera-vendedora-de-rosas-existio-en-medellin/>

GAVIRIA, V. (1998), *La vendedora de rosas.* DVD Lo mejor del cine colombiano.

GAVIRIA, V. (2012), *La vendedora de rosas: guion cinematografico*, Medellin: Fondo Editorial Universidad EAFIT.

HERLINGHAUS, H. (ed.) (2002*), Narraciones anacrónicas de la modernidad: melodrama e intermedialidad en América Latina* (1. ed). Santiago de Chile: Ed. Cuarto Propio.

HERRERA, L. (2009), *Ética, utopía e intoxicación en Rodrigo D. No futuro y La vendedora de rosas* (tesis de grado), Pittsburgh, Pensilvania, University of Pittsburgh.

JENKINS, H. (2008), *Convergence culture: la cultura de la convergencia de los medios de comunicación,* Barcelona etc.: Paidós.

JESURUM, D. (dir.ª). (5 de marzo, 2016), *Se dice de mí.* [programa de televisión]. Bogotá, Canal Caracol <http://www.caracoltv.com/se-dice-de-mi/yo-no-le-debo-nada-la-justicia-colombiana-lady-tabares-se-confiesa>

LEÓN, C. (2005), «El cine de la marginalidad: realismo sucio y violencia urbana» (1.ª ed.), *Serie Magíster*, v. 64, Quito: Universidad Andina Simón Bolívar, Ecuador, Abya Yala: Corporación Editora Nacional.

MONTOYA, A. (2015), «El último desfile de Lady Tabares», *Revista BOCAS.*

NINEY, F. (2009), *La prueba de lo real en la pantalla: ensayo sobre el principio de realidad documental*, (BUSTOS GARCÍA, M. Trad.), México: UNAM, Centro Universitario de Estudios Cinematográficos.

OROZCO, N. (2015), *Lady, mi historia.* RCN Televisión.

QUINTANA, Á. (2011), *Después del cine: imagen y realidad en la era digital.* Barcelona: Acantilado.

RCN TELEVISIÓN (2015), *Lady, la vendedora de rosas.* [Serie de televisión] Colombia.

RESTREPO GUTIÉRREZ, G. (19 de diciembre, 1998), «¡Ay!, qué alegría Parce», *El Colombiano,* p.2.

ROQUE, J. C. (14 de julio, 2009), «Lady Tabares: La Fama entre rejas» Radio Nederland Internacional [Medio de Comunicación].
<http://archief.wereldomroep.nl/espanol/article/lady-tabares-la-fama-entre-rejas>

SEMANA (4 de mayo, 1999): «Entre rosas y espinas», *Semana.com* <http://www.semana.com/gente/articulo/entre-rosas-espinas/38997-3>

IV. TESTIMONIOS

La distribución y exhibición cinematográfica en Venezuela. Cine nacional

Alejandro Izquierdo

Con frecuencia cineastas, académicos y responsables de las políticas públicas desconocen el funcionamiento del "negocio cinematográfico". Sin entrar en el debate sobre el cine como arte o industria, está claro que el filme, y nos estamos concentrando en los largometrajes de ficción, es un "producto" que será colocado en un "mercado" para que los "consumidores" lo disfruten. Ignorar cómo funciona esa cadena conlleva una diversidad de situaciones indeseables para todos los "relacionados" o participantes en el mundo del cine. En esta publicación se analiza el sistema de distribución y exhibición en Venezuela (utilizando como ejemplo el año 2015) y los importantes cambios que ha significado la implementación de la Ley de cinematografía nacional del año 2005, la cual regula el funcionamiento del sector. Se analizarán los beneficios que esta ley ha traído al cine venezolano, entre ellos un significativo aumento en la producción y el número de espectadores.

LA DISTRIBUCION

La distribución cinematográfica en Venezuela es básicamente manejada por tres empresas, la internacional Walt Disney y las nacionales Blancica y Cines Unidos. La primera junto con los filmes Disney, distribuye las producciones de Universal y Paramount. Los filmes de las "majors" restantes son distribuidos por Blancica, representante de Warner y Columbia, y Cines Unidos, representante de Fox. Estas dos empresas nacionales también manejan su propio portafolio de películas "independientes" y venezolanas, entendiendo por independiente todo cine, de cualquier nacionalidad, producido fuera de las seis "majors" mencionadas. La ley de cinematografía aprobada en 2005, establece que las distribuidoras deben contar en su portafolio con un mínimo de 20% de producción nacional.

Las películas de las "majors" llegan al país siguiendo las directrices de la sede mundial y tienen prácticamente garantizada su programación en las salas por el mayoritario público que atraen. En el caso de las producciones "independientes" y nacionales, el distribuidor debe negociar con los exhibidores la colocación en las salas, proceso casi inexistente en el caso de los filmes de los "estudios".

Existen dos distribuidoras más, la Asociación Civil Gran Cine y la estatal Amazonia. Representan el 1 % del mercado, lo cual evidencia la naturaleza no comercial de su portafolio, Gracias a Gran Cine, llegaron a Venezuela en 2105 *Ida* (Pawel Pawlikowski, 2013), *Leviathan* (Andréi Zviáguintsev, 2014), *La jaula de oro* (Diego Quemada-Diez, 2013), por ejemplo. La distribuidora Amazonia da prioridad a títulos con marcado sesgo político, buena parte de ellos producidos por el estudio estatal La Villa del Cine.

La tabla 1 muestra los resultados obtenidos en 2014 y 2015 por las diferentes distribuidoras. La tabla 2 las diez películas más vistas en el año 2015. Es evidente el dominio de las películas de los seis estudios hollywoodenses, 87 % de los espectadores en 2015, 69 % en 2014, año particularmente deficiente para Universal y excepcionalmente bueno para el cine nacional. Adicionalmente la mayor parte de la producción independiente que atrae a los espectadores es de origen norteamericano, o se hace dentro de los cánones del cine hollywoodense. Ejemplo son la franquicia de *Los juegos del hambre* (*The Hunger Games*, Gary Ross, 2012), la australiana *Mad Max: furia en la carretera* (*Mad Max: Fury Road*, George Miller, 2015) o la francesa *Taken* (Pierre Morel, 2008).

Esta dominación o favoritismo, según se quiera ver, del cine "gran público" o "comercial" en inglés, tiene como triste contrapartida una pobre atención del público y una pobre oferta de los distribuidores-exhibidores a creaciones "alternativas". Agrupamos bajo este término largometrajes en idiomas diferentes del inglés y también incluimos en esta denominación el cine "autoral" anglosajón. Una categoría bastante amplia donde entran juntas, en el contexto venezolano, *La familia Bélier* (*La famille Bélier*, Éric Lartigau, 2015), popular éxito en Francia con más de 7 millones de espectadores, y *Luz de la luna* (*Magic in the Moonlight*, Woody Allen, 2014) Ambas producciones fueron estrenadas en Venezuela en 2015. La primera acumuló poco más de veinte mil entradas. La segunda, dirigida por el reconocido cineasta neoyorkino, con las estrellas Emma Stone y Colin Firth en el reparto, solo logró totalizar 15 mil personas.

TABLA 1. Resultados por empresa distribuidora[1]

	2015			2014		
	Filmes estrenados	Espectadores (miles)	Porcentaje espectadores	Filmes estrenados	Espectadores (miles)	Porcentaje espectadores
Walt Disney Co.						
Disney	12	6.954	23,8%	18	7.037	23,5%
Universal	21	5.844	20,0%	10	833	2,8%
Paramount	5	925	3,2%	7	2.008	6,7%
Blancica						
Columbia	17	4.274	14,6%	9	2.309	7,7%
Warner	19	2.582	8,8%	15	3.041	10,2%
Blancica independiente	31	1.510	5,2%	26	1.971	6,6%
Blancica Venezuela	7	508	1,7%	8	947	3,2%
Cines Unidos						
Fox	25	4.858	16,6%	16	5.763	19,3%
Cines Unidos independ.	32	1.142	3,9%	32	2.465	8,2%
Cines Unidos Venezuela	9	345	1,2%	13	3.208	10,7%
Amazonia						
Independiente	2	36	0,1%	2	10	0,0%
Venezuela	6	127	0,4%	2	48	0,2%
Gran Cine						
Independiente	9	66	0,2%	7	74	0,2%
Venezuela	6	11	0,0%	4	101	0,3%
Otros Indep	1	32	0,1%		67	0,2%
Otros Venezuela	1	2	0,0%		0,2	0,0%
Total	203	29.216		169	29.882	
Total filmes venezolanos	29	993	3%	27	4.304	14%

1. Cifras de la Asociación de la Industria del Cine ASOINCI, cálculos propios.

TABLA 2. Las 10 películas más vistas, año 2015[2]

Película	Sello	Espectadores
Los minions 3D	Universal	1.705.286
Intensamente	Disney	1.875.261
Hotel Transilvania 2	Columbia	1.389.891
Rápido y furioso 7	Universal	1.560.130
Vengadores: la era de ultrón	Disney	1.380 412
Jurassic world	Universal	917.725
Cincuenta sombras de grey	Universal	819.780
Pixeles	Columbia	745.772
Los pingüinos de Madagascar	Fox	730.647
Una noche en el museo 3	Fox	639.061

La realidad de la distribución del cine "alternativo", incluyendo Latinoamérica, es crítica (el cine nacional será discutido separadamente más adelante). La cantidad de títulos que llegan al país es tristemente baja y los exhibidores prefieren colocar el cine comercial. La situación es compleja y se ha ido haciendo más difícil en los últimos años. El distribuidor necesita rentabilizar su inversión, lo que lo lleva a privilegiar las películas comerciales. El público se habitúa a este tipo de productos y menosprecia las otras opciones.

Estamos frente a un círculo vicioso que se ha hecho más crítico con las políticas de control de cambio impuestas en el país desde el 2003. Las trabas burocráticas, sumadas a la imposibilidad de contar con un libre flujo de divisas, obligan al distribuidor a ser más conservador en su portafolio. Si no se tiene acceso a las divisas al precio oficial, es necesario ir al mercado paralelo y pagar la "prima" correspondiente. Los derechos de explotación resultan mucho más costosos, lo cual dificulta la rentabilidad de la inversión. Ya mencionamos el ejemplo de Woody Allen. Siempre en el año 2015, la maravillosa *Ida,* del polaco Paweł Pawlikowski, ganadora del Oscar de mejor película en lengua no inglesa, solo totalizó cinco mil espectadores. La también brillante *Leviathan* del ruso Andréi Zviáguintsev, tres mil entradas; *Sils Maria* (Olivier Assayas, 2014) con su atractivo reparto formado por Juliette Binoche, Kristen Stewart, Chloë Grace Moretz, hizo menos de cuatro mil. Una sola película asiática, *De regreso a casa* (*Comig Home*, Zhang Yimou, 2014) llegó a las pantallas venezolanas.

2. Cifras de la Asociación de la Industria del Cine ASOINCI.

La distribución del cine latinoamericano y español es igual o peor. En 2015 solo se estrenó un título "alternativo" español, *Tiempo sin aire* Samuel Martín Mateos y Andrés Luque Pérez, 2015), 2.500 entradas. Año de premios internacionales para el cine de la región, en Venezuela solo se exhibieron la comedia argentina *Corazón de León* (Marcos Carnevale, 2012), 23 mil espectadores; las reconocidas *El clan* (Pablo Trapero, 2015), 11 mil espectadores, y *La jaula de oro* (Diego Quemada-Diez, 2013), que tristemente hizo dos mil entradas y finalmente la cubana *Conducta* (Ernesto Daranas, 2014), tres mil. Cifras que confirman un problema de larga data, los latinoamericanos no vemos el cine de la región.

Lamentablemente, la distribuidora estatal Amazonia Films, fundada en 2006, con el objetivo entre otros de "proporcionar contenidos audiovisuales de elevado valor artístico y cultural" y diversificar la oferta fílmica en el país, ha sido un fracaso.

La opción que trae un respiro a los hambrientos cinéfilos son los "festivales" anuales organizados por embajadas, el Circuito Gran Cine e instituciones culturales. Estos eventos duran en su mayoría, un par de semanas y la casi totalidad de las películas se exhiben en calidad de préstamo durante el evento, sin tener luego continuidad en las salas. Algunos surgen y desparecen luego de unos años. Se mantienen actualmente el Festival de cine francés, el más antiguo, creado en los años '80; el Euroscopio, evento patrocinado por la Delegación de la Unión Europea, los Festivales de Cine español, italiano, judío, latinoamericano. En el pasado, las distribuidoras Blancica y Cines Unidos aportaban títulos a estos eventos, pero su participación se ha ido reduciendo por las causas arriba descritas.

LA EXHIBICION

En Venezuela existen 469 salas comerciales (1 sala por cada 65.000 habitantes, Francia 1 pantalla por cada 11.700 habitantes). De ellas 110 aún proyectan en 35 mm, 224 lo hacen en 2D, 132 están equipadas para 3D y 3 manejan la tecnología 4DX. Ellas son propiedad de empresas venezolanas. Dos grupos predominan ampliamente a escala nacional, Cines Unidos, 23 cines con 186 salas, ingresa en 2015 siempre, 58 % de los espectadores. Cinex, 137 salas en 29 complejos, 28 % de los espectadores. El restante 14 % de espectadores es recibido por dos grupos pequeños y un conjunto de exhibidores con un solo cine. Ellos totalizan 116 salas en 26 complejos. Salvo escasas excepciones, los cines están ubicados en los centros comerciales de las principales ciudades del país.

Prácticamente la totalidad de las salas están dedicadas al cine "gran público". En Caracas hasta hace pocos años funcionaban cuatro cines comerciales de "arte y ensayo". Hoy solo queda uno. En el interior del país, la situación para el público que desea apreciar un cine alternativo, es mucho más precaria.

La ventana del video, desde finales de la década pasada dejó de ser una opción para los distribuidores nacionales. Aunque la ley contempla la penalización de la piratería, el video pirata ocupa impunemente el mercado sin ningún tipo de restricciones y es consumido por todas las clases sociales. La existencia de esta oferta satisface múltiples necesidades del mercado. Evidentemente su bajo costo es una ventaja, pero también es cierto que ofrece una diversidad de títulos que trasciende la cartelera cinematográfica y permite a todo tipo de espectadores tener acceso a la cinematografía mundial. Igualmente, ante el temor del público por los problemas de seguridad (Venezuela tiene cifras alarmantes en lo que delincuencia se refiere), ver el cine en casa es una práctica adoptada por muchos venezolanos. La poca calidad del internet en Venezuela, su estrecho ancho de banda, hace que el video bajo demanda sea prácticamente inexistente.

Es llamativo que a pesar de la existencia de la piratería, con los "beneficios" arriba señalados, el número de asistentes a las salas de cine ha aumentado de 15 millones en 2001, a alrededor de 20 millones en los años 2004-2007, a unos 30 millones en el periodo 2011-2015.[3] Ello confirma la vigencia de la magia del cine en la sala oscura como opción de entretenimiento. Igualmente, en un país que ha venido viviendo un alto proceso inflacionario, todavía es accesible para un buen número de espectadores.

La televisión por subscripción es otro camino para disfrutar el cine internacional. Los canales que operan en Venezuela son parte de grupos internacionales y los derechos de exhibición son negociados directamente por las casas matrices. La televisión pública ha perdido importancia como ventana debido a la puritana Ley de responsabilidad social en radio y televisión, que regula absurdamente los contenidos a ser exhibidos en los horarios de mayor audiencia.

3. Cifras de la Asociación de la Industria del Cine ASOINCI.

EL CINE VENEZOLANO

La producción constante, aunque limitada, de largometrajes de ficción en Venezuela tiene como punto de partida 1973, con el filme *Cuando quiero llorar no lloro,* de Mauricio Wallerstein, adaptación de la novela del mismo nombre, del escritor venezolano Miguel Otero Silva. Su éxito público, coincide con una bonanza financiera en Venezuela, resultado del aumento de los precios de la principal riqueza del país, el petróleo. Este incremento fue fruto de la guerra del Yonkipur.

A partir de este momento el Estado venezolano decide financiar el cine nacional.[4] El financiamiento prácticamente oscilará con los precios del recurso fósil. Situación que se prolongará hasta el año 2005, cuando, resultado de un largo esfuerzo de los gremios cinematográficos, se aprueba una nueva ley de cine que introduce una serie de medidas beneficiosas para la producción nacional.

Entre los logros de la ley, destaca la creación del Fondo de Promoción y Financiamiento del Cine (FONPROCINE), administrado por el Centro Nacional Autónomo de Cinematografía (CNAC). El fondo se alimenta con un porcentaje de los ingresos de distribuidores, exhibidores, empresas de televisión, en general de todas las empresas que participen en la actividad cinematográfica. Este dispositivo garantiza la existencia y continuidad de recursos para la producción, independientemente del presupuesto nacional.[5]

La ley establece que todos los largometrajes nacionales tendrán garantizado su estreno, con un mínimo de dos semanas cine. Igualmente establece que todos los complejos deben cumplir una cuota de pantallas para el cine venezolano.

En 2005, la aprobación de la ley de cinematografía, coincide, circunstancialmente, con un significativo aumento en el número de espectadores de cine nacional. Luego de varios años con menos de doscientos cincuenta mil asistentes a las salas, en 2005 la cifra supera el millón cien mil espectadores gracias a la película de actualidad, *Secuestro Express,* ella sola con más de novecientas mil entradas. En los años que siguen, los beneficios de la legislación se hacen sentir. Con los fondos existentes se completan largometrajes que se habían quedado en postproducción por varios años y se inicia una producción

4. Entre mediados de los '70 y finales de los '80, el cine venezolano vive lo que se ha denominado la época de oro del cine, pero ello no es discutido en este trabajo.
5. En los años '80 existió un instrumento similar, FONCINE, que no logró mantenerse.

continua. La obligación de exhibición se cumple y el público responde de buena manera, como se aprecia en la figura 1. Una tendencia positiva tanto en la producción como en el número de espectadores entre el 2005 y el 2014.

FIG. 1. Espectadores y estrenos de filmes venezolanos[6]

Los logros del cine nacional van más allá de lo cuantitativo. En los últimos años la cinematografía venezolana ha triunfado en festivales clase A. *Hermano* de Marcel Rásquin, San Jorge de oro en Moscú 2010; *Pelo malo* de Mariana Rondón, Concha de oro en San Sebastián 2013; *Desde allá* de Lorenzo Vigas, León de oro en Venecia 2015.

Los resultados de los dos últimos periodos mostrados en la figura 1 son contrastantes. Al finalizar el año 2014, la celebración abunda en el cine nacional. Se sobrepasa el record de asistencia a filmes nacionales de 1986, 4,12 millones de espectadores, con un total 4,42 millones de entradas vendidas. En 2015 se estrenan 29 largometrajes, hecho inédito en el cine nacional, pero la asistencia cae dramáticamente. Sin embargo, luego de cinco años de asistencia promedio por filme superior a los cien mil espectadores, el promedio cae abruptamente a treinta y siete mil personas, los casi cuatro millones y medio

6. Cifras de la Asociación de la Industria del Cine ASOINCI y del Centro Nacional Autónomo de Cinematografía (CNAC).

de asistentes a las salas, se reducen a un millón. Ello sin que disminuya en una magnitud similar, el número de entradas vendidas en los dos años, 29,8 millones en 2014, 29,2 en 2015. Aunque es errado elaborar sobre tendencias a partir de resultados puntuales de uno o dos años, es una señal que invita a la reflexión sobre la conexión cine nacional – espectador.

Lo que va del año 2016 ha estado marcado por una crisis energética en el país que ha obligado a cerrar los centros comerciales en las noches, y en consecuencia los cines. Ello ha traído como consecuencia, al comparar fin de mayo 2015 y fin de mayo 2016, 30 % menos de estrenos y 40 % menos de público en las salas cinematográficas, todo tipo de películas incluidas. Por otro lado, la fuerte crisis económica que redunda, entre otras consecuencias, en una inflación superior al 200% ya da señales de afectar la producción nacional, pero eso será motivo de otra comunicación.

EN RESUMEN

Hemos mostrado cómo la distribución, exhibición y espectadores en Venezuela están orientados fundamentalmente al cine "gran público" en inglés. La oferta de otras cinematografías fuera de los cánones hollywoodenses es muy precaria. Aunque no ha sido discutido explícitamente, es evidente la necesidad de enriquecer la cultura cinematográfica del espectador venezolano.

La muerte del cine, entendiéndolo como el hecho de asistir a una sala para disfrutar de la creación fílmica ha sido cíclicamente decretada, y cuando no la muerte, una sobrevivencia en agonía. Ocurrió con el nacimiento de la televisión, más tarde con la aparición del video casero, y últimamente con todos los desarrollos digitales por una parte y la piratería por la otra. Hemos mostrado que, en Venezuela, esta última muerte no tiene validez, la asistencia a las salas ha aumentado significativamente en lo que va del siglo XXI y el cine nacional ha vivido un periodo de bonanza, cuantitativo y cualitativo, en los últimos diez años. Bonanza cuya sostenibilidad habrá que determinar, vistos los resultados del año 2015 y lo que ha transcurrido de 2016.

Cine hecho a mano: cuando menos es más

María Lourdes Cortés

Universidad de Costa Rica

Cuando el costarricense Oscar Castillo realizó su ópera prima, *Eulalia* (1986), hipotecó su casa. Tres años antes, Castillo había sido el productor ejecutivo de la película más ambiciosa, hasta entonces, de Centroamérica. *La Segua* (Antonio Yglesias, 1984), se ubica en época de la colonia, tenía actores extranjeros. Con un costo de 400 mil dólares, lo que equivaldría hoy a casi millón y medio de dólares, fue un fracaso de taquilla y solo recuperó 60 mil dólares. A partir de entonces, ningún empresario estuvo anuente a invertir en una industria de riesgo como el cine.

Sin embargo, Castillo no se rindió. Buscó patrocinios de empresas, incluyó emplazamiento publicitario ("product placement") y, con la hipoteca de su casa, logró realizar *Eulalia*. Afortunadamente, la película fue un éxito de taquilla, y Castillo no perdió su patrimonio personal (Cfr. Cortés 2002: 273).

NUEVAS TECNOLOGIAS ABREN NUEVAS PUERTAS

En este nuevo siglo, la producción y recepción cinematográfica se transformó radicalmente. Hoy nadie estaría obligado a sacrificar sus bienes para hacer una película. Con una pequeña cámara y un ordenador se puede hacer un filme y este ha sido un modo de producción que se ha utilizado bastante en Centroamérica.

En la región no existen apoyos gubernamentales sólidos para el estímulo del audiovisual. Salvo Panamá, que cuenta con una ley de cine y un fondo de poco más de dos millones[1] de dólares, en ningún otro país hay legislación para apoyar una cinematografía nacional.

En Nicaragua hay una ley, pero no existe un fondo de apoyo, por lo que como señalan los realizadores de dicho país, es meramente un instrumento

1.El fondo panameño es el más importante del área y se puso en marcha en el 2013.

jurídico, no fomenta la cinematografía nacional.[2] Por otra parte, El Salvador cuenta con un importante fondo creado en el 2012, el concurso Pixels, de dos millones de dólares, destinados a las industrias del videojuego y a la animación. Dicho apoyo viene del Ministerio de Economía, y hace tres años, integró al audiovisual.

Costa Rica, también fundó El Fauno, un fondo que otorga medio millón de dólares a la producción de largometrajes (documentales y ficción) y series para televisión e internet. No obstante, en el caso de El Salvador y Costa Rica, al no basarse en un marco legal, dependen del político de turno.

De igual manera, los empresarios no se interesan por el cine –el fútbol es mucho más rentable– y el público solo tiene acceso, en un 99%, al cine de Hollywood. Un panorama desolador para quienes quieren vivir del audiovisual, porque como vemos, los estímulos gubernamentales surgen hace apenas cinco años y no necesariamente cubren las necesidades del sector.

Algunos cineastas han tomado otra vía, un modo de producción más acorde con el contexto económico de nuestros países. Es lo que hemos llamado, un "cine hecho a mano", que no se debe confundir con un cine artesanal. Estas producciones cada vez se consolidan más, logrando resultados extraordinarios. No solo en Centroamérica, sino también en otros países del continente.

MICROPRESUPUESTOS PARA CREADORES AUDACES

Los micropresupuestos otorgan libertad creativa, obligan a soluciones originales y producen obras mucho más auténticas y personales. Pero, ¿de cuánto dinero hablamos cuando nos referimos a filmes con presupuestos reducidos?

El Starlite Film Festival, en Florida, se considera el mejor festival de films de micropresupuesto y acepta producciones realizadas, máximo, con doscientos mil dólares. El Festival Internacional de Cine Pobre, creado en el año 2003 por el célebre cineasta cubano Humberto Solas, acepta filmes con presupuestos de hasta trescientos mil dólares. Pero esto es el coste medio para una película centroamericana.

2. No en vano, Nicaragua solo ha realizado dos filmes de ficción, *La Yuma* (2009) y *La pantalla desnuda* (2014), de la directora Florence Jaugey, realizados con diversos tipos de apoyos, pero no gubernamentales. Este país, junto con El Salvador, es el que tiene menos filmes de ficción (Cfr. Rivas 2017).

No se puede definir un monto para un micropresupuesto, ya que depende del país en que se realice el filme. La película más costosa de Centroamérica ha sido la coproducción costarricense/colombiana, *Del amor y otros demonios* (Hilda Hidalgo, 2010) adaptación de la novela homónima de Gabriel García Márquez. La historia ubicada en la Cartagena del siglo XVII, se realizó con actores profesionales y técnicos de renombre y tuvo un presupuesto de dos millones y medio de dólares. Sin embargo, esta cifra es risible si la comparamos con otro filme de época, *Libertador* (2014), del venezolano Alberto Arvelo, que costó 50 millones de dólares, convirtiéndose en el filme latinoamericano más oneroso. Claro está, el financiamiento viene de España, Alemania, Venezuela y hasta Estados Unidos.

Sin duda lo más importante –lo que hace la diferencia en la industria– es la recaudación. Mientras *Del amor y otros demonios*, recaudó unos cuatrocientos mil dólares –la cuarta parte de su inversión–, *Libertador* percibió poco más de 5 millones de dólares, es decir, diez veces menos que su presupuesto.

En el caso de Hollywood, la verdadera industria, una película como *Piratas del Caribe: en el fin del mundo* (Gore Verbinski, 2007) costó 300 millones de dólares y recaudó más de tres veces su inversión, es decir, casi mil millones de dólares. Las razones las sabemos de sobra: Hollywood acaparó la distribución y la exhibición. Produzcan buenas o malas películas, son las únicas a las que tenemos acceso, especialmente los países centroamericanos.

Por eso, uno de los caminos para que el cine nuestro exista, es la austeridad, con ideas claras, y grandes dosis de talento y riesgo. Los festivales son la recompensa. Estos creadores no están inventando dicho modo de producción, ya que antes de ellos lo había hecho el neorrealismo italiano, el cine cubano, el cinema novo, entre otras corrientes.

LOS QUE TEJEN SUS HISTORIAS

Para esta reflexión, he escogido tres filmes cuya producción no excedió los cinco mil dólares y que, posteriormente, lograron un recorrido en importantes festivales, donde incluso ganaron premios. Me refiero a *A tiro de piedra* (2010), del mexicano Sebastián Hiriart, hijo de la cineasta costarricense Guita Schifter, *Hasta el sol tiene manchas* (2012), del guatemalteco Julio Hernández Cordón y *Las búsquedas* (2014), del salvadoreño José Luis "Pepe" Valle (2014). Los tres realizadores producen un cine claramente autoral y, aparte de su nacionalidad centroamericana, son también mexicanos. Esto les ha permitido un ir y venir de una cinematografía casi inexistente, a la posibilidad de consagrarse a nivel internacional, algo que no les interesa. El camino de Alfonso Cuarón, Alejandro González Iñárritu y Guillermo del Toro, no es el de ellos. Porque para Hiriart, Valle y Hernández, el filmar con presupuestos pequeños, no es una restricción, sino todo lo contrario. Es una opción, una visión del cine que quieren hacer, que les otorga una libertad creativa y las posibilidades de ser más auténtico y no caer en concesiones.

El modo de producción es básicamente el mismo para los tres: un pequeño grupo de amigos o colegas, una idea o escaleta –nunca un guion literario o técnico–; tendencia al uso de no actores o a la improvisación y un equipo técnico sencillo, ligero.

Valle realizó *Las búsquedas*, en una semana, con cinco amigos y con 1500 dólares. Al recibir el Premio del Jurado en el World Cinema Amsterdam, declaró: «Hacer cine fuera de las fórmulas es como caminar por un territorio desconocido sin mapa ni brújula, y premios como este nos dicen que vamos en la dirección correcta y nos alientan a seguir por este camino tan personal».[3]

Hiriart se arriesgó aún más, ya que su filme es un recorrido que va del norte de México a los Estados Unidos, por lo que su gasto mayor fue en gasolina. Produjo con un fotógrafo y director, un actor profesional, y un productor, una cámara y una camioneta y poco más de 5 mil dólares.[4] En el camino, se valió de personas de las localidades que visitaba, para pequeños papeles.

Hernández Cordón, optó por hacer una historia austera, como carta de despedida a Guatemala, ya que decidió instalarse en México para continuar su carrera. Grabada en una semana, en un espacio cerrado, tuvo un costo total de unos 3000 mil dólares. El filme es el más experimental de los tres, por lo que ha sido exhibido, no solo en festivales, sino en cinematecas y museos.

Dentro del mismo filme, Hernández Cordón hace su declaración de principios: «Rodar de improviso, con modelos desconocidos, capaces de mantenerte en tenso estado de alerta. Nada de actores (nada de dirección de actores). Nada de personajes (nada de estudio de personajes). Tu película: que se sienta en ella el alma y el corazón, pero que esté hecha como un trabajo manual. Quien puede con lo menos, puede con lo más. Quien puede con lo más, necesariamente no puede con lo menos».[5]

3. "*Las búsquedas* es cine independiente puro y duro", en elsalvador.com, San Salvador, 24 de setiembre de 2014, en
http://www.elsalvador.com/entretenimiento/136222/las-busquedas-es-cine-independiente-puro-y-duro/
4. Posteriormente, el fondo mexicano Foprocine le otorgó unos cien mil dólares para la posproducción.

Hasta el sol tiene manchas es una película lúdica, y difícilmente clasificable. La plataforma "Filmaffinity", pretende etiquetarla, ubicándola como: «Drama. Comedia. Documental | Amistad. Política. Comedia absurda. Comedia negra. Cine experimental. Cine dentro del cine». (6) La película es un híbrido que integra ficción, elementos documentales, experimentos teatrales, partes del *making off* del mismo filme, poemas y textos, dibujos en tiza y máscaras de cartón, imágenes de archivo de las décadas del '40 y '50, así como un helicóptero que sobrevuela la ciudad de Guatemala.

LOS GUIONES SOLO SIRVEN PARA CONSEGUIR DINERO

«En lugar de un guion estándar, escribí un boceto de sólo nueve páginas, lleno de matices emocionales y posibilidades creativas. El argumento tenía lagunas como 'Ulises y Elvira se conocen. No sé si se enamoran o no'. Lejos de ser errores, estas 'indecisiones' fueron la base de la propuesta creativa y una parte esencial del proyecto, así que tuvieron que permanecer durante todo el proceso, que para mí es tan importante como los resultados» (GARCIA: 2014), señala Valle sobre el texto de *Las búsquedas.*

En el caso de *A tiro de piedra*, que escribió Hiriart junto a su protagonista, el actor Gabino Rodríguez, lo que había era una escaleta, con catorce puntos. Una vez que llegaban a la locación, intentaban conseguir lo necesario para la escena. Si no lo lograban, debían acomodar la idea a lo que había. En lo referente a Hernández Cordón, había conceptos claros –denunciar la decadencia ideológica de su país– pero los diálogos fueron improvisados.

No existen narrativas tradicionales, sino más bien reflexiones sobre el ser humano y su contexto, visiones intimistas. Los lenguajes y estéticas de los tres autores difieren, pero coinciden en la manera de producir, con austeridad e ingenio.

5. Texto del filme.
6. https://www.filmaffinity.com/es/film729807.html

CAMINAR POR UN TERRITORIO DESCONOCIDO, SIN MAPA NI BRUJULA: *LAS BUSQUEDAS*

Filmada en blanco y negro, con dos actores profesionales, *Las búsquedas* es la historia más intimista de las tres analizadas: dos seres que se encuentran solos, en medio de la inmensa urbe mexicana. También es un relato de venganza y de un amor inesperado, que intenta sanar las heridas de los protagonistas.

Elvira, es una mujer mexicana de clase media, cuyo marido, sin causas aparentes, se suicida. Ulises fue un guerrillero salvadoreño al que le roban la billetera con la única foto que le queda de su mujer y su hija, asesinadas en el conflicto armado de los años '80. Esto sucede en uno de los metros más grande del mundo, y el hombre se dedica años a buscar al ladrón. De un modo casual, la pareja se conoce y se acompaña en su soledad. Él lleva botellones de agua a las casas y ella empieza a tratarlo, cuando le regala ropa del marido muerto. Ulises logra encontrar al ladrón y Elvira descubre en el hombre, a un nuevo compañero de vida.

LO IMPORTANTE ES EL CAMINO Y NO EL DESTINO: *A TIRO DE PIEDRA*

A tiro de piedra es una *road movie*, un viaje a la frontera, pero no para lograr trabajo, sino para seguir sueños e intuiciones.

Jacinto cuida cabras en el norte de México, pero esta rutina lo ahoga. Encuentra un llavero con el nombre de Oregon, e imagina el tesoro al final del arco iris. Decide emprender el viaje, soñando con la nieve del Estado. Posiblemente si hubiera nacido en Oregon, viajaría en busca del árido desierto mexicano. Jacinto es casi un niño que se mueve por intuiciones, sueños y tesoros escondidos. No es el inmigrante tradicional que ansía mejorar sus condiciones de vida para ayudar a su familia y que está dispuesto a convertirse en un "mojado". Jacinto no tiene idea de los riesgos que conlleva su camino. Es engañado, robado, no es comprendido en su nulo inglés. En planos fijos y abiertos, vemos múltiples veces a Jacinto enfrentado a la realidad: al tren que no se detiene, al paisaje nevado que solo existe en sus sueños, al río que lo separa de su meta y, sobre todo, a la gran malla que divide el mundo de los ricos del de los pobres. Su sombrero representa su identidad mexicana. El color de su piel lo delata.

El recorrido simboliza la necesidad de Jacinto de alejarse para crecer, es un rito de pasaje del joven despreocupado al adulto. Al adulto que cierra el filme, frente a una autoridad de migración estadounidense que le pregunta algo tan obvio como si es mexicano.

CARTA DE DESPEDIDA A UNA GUATEMALA ROTA: *HASTA EL SOL TIENE MANCHAS*

La atrevida despedida que hace Julio Hernández a su Guatemala natal, es un juego amargo, en que el cineasta, de muchas maneras, denuncia la decadencia política de su país.

Las imágenes de archivo muestran la breve primavera que vivió Guatemala durante los gobiernos progresistas de Juan José Arévalo y Jacobo Arbenz (de 1945 a 1954). Una década de reformas sociales que terminaron con un golpe de Estado a Arbenz, orquestado por la CIA y la United Fruit Company. La puesta en escena de la actualidad, presenta a dos personajes, Pepe Moco, un joven discapacitado, y Beto, quienes entablan una estrecha amistad. Pepe Moco es quien plantea, de una manera ingenua, el pensamiento político del momento, representando con una máscara, al candidato Manuel Baldizón, cuya propuesta principal durante su campaña, era llevar a Guatemala a un Mundial de Futbol. La ciudad está representada por dibujos realizados en tiza. Beto, además, asalta a los transeúntes con una bola que representa una bala, porque como dice el filme, «todos sabemos que la sangre en las películas es de mentira».[7]

La película quiere mostrar que es un discurso, no el reflejo de una realidad, sino una visión de mundo. Se habla de un país al que se ama, pero del que el realizador también se avergüenza. La producción fílmica es claramente un producto artificial y no como quiere Hollywood, una representación de la realidad. Además, vemos en cámara a todos los participantes, disfrutando del juego de producir imágenes. La mayor parte de la película está virada en amarillo que, según el director, es una metáfora de ese sol que está a punto de salir en muchos países latinoamericanos, pero que nunca termina de hacerlo (GARCIA: 2013).[8] No obstante, más que un propósito político, pienso que el color amarillo es parte de lo lúdico que tiene la película.

7. Texto del filme.
8. José Luis García, "*Hasta el sol tiene manchas*, de Julio Hernández-Cordón... y la vida es a veces amarillenta", Cinestel, 18 de julio de 2013, en http://www.cinestel.com/hasta-el-sol-tiene-manchas-julio-hernandez-cordon/

CODA

Estos directores han realizado filmes con mayores presupuestos, sin embargo, su posición estética e ideológica no varía: un cine minimalista, en el caso de Valle; arriesgado en Hiriart, y provocador en Hernández Cordón.

Como señala Valle: «Hacer un cine nacional o regional no es solo una cuestión de recursos: es una concepción integral en la que el tema dinero-producción es solo una parte. Se trata de encontrar una voz propia como creadores y esto pasa por la deconstrucción de paradigmas obsoletos, derribándolos desde los cimientos para reedificar los nuevos desde la base, que es la producción creativa, de la mano con una propuesta estética, narrativa y de contenidos que esté en sintonía con lo que somos, echando mano de lo que tiene de singular la realidad en nuestros países, sin chovinismos ni folclor».[9]

Anarquía es una palabra que se repite cuando se trata de estos tres realizadores, no en vano, una de las más recientes películas de Julio Hernández –hasta ahora el más prolífico y más premiado de Centroamérica–, se titula, *Te prometo anarquía* (2015). Lo cumple, en el tema y en su estética.

«Cine pobre pero no pobre cine», decía el realizador hondureño Sami Kafati. Su única obra, *No hay tierra sin dueño,* inició su rodaje en 1986 y lo finalizó tres años más tarde. Solo podía filmar los fines de semana, y el presupuesto salió de su bolsillo. Terminó un primer corte en la moviola que tenía en su casa y murió, sin ver la obra de su vida acabada. El filme fue retomado por su familia y con apoyo de Francia logró finalizarse. Se estrenó simultáneamente en Cannes y en Tribeca y es la metáfora perfecta de la dificultad de hacer cine en Centroamérica durante el siglo XX (CORTES: 2005: 128-137).

En la actualidad, todo es posible, como lo demuestran estos tres realizadores que han producido sus filmes, con poco dinero, pero con una escritura fílmica innovadora, que los ha llevado por múltiples festivales y han logrado ganar importantes premios. Y esto, con menos de cinco mil dólares.

9. elsalvador.com, *ibid.*

BIBLIOGRAFIA

CORTES, M. L. (2002), *El espejo imposible. Un siglo de cine en Costa Rica,* San José: Grupo Editorial Norma.

CORTES, M. L. (2005), *La pantalla rota. Cien años de cine en Centroamérica,* México: Taurus.

GARCIA, J. L. (2014), «*Las búsquedas* de José Luis Valle; soportando el sentimiento de pérdida», *Cinestel,* 1 de abril, <http://www.cinestel.com/jose-luis-valle-pelicula-busquedas/>

GARCIA, J. L. (2013), «*Hasta el sol tiene manchas* de Julio Hernández-Cordón... y la vida es a veces amarillenta», *Cinestel*, 18 de julio,
<http://www.cinestel.com/hasta-el-sol-tiene-manchas-julio-hernandez-cordon/>

«*Hasta el sol tiene manchas*»,
http://www.filmaffinity.com/es/film729807.html>

KRAUZE, D. (2011), «A tiro de piedra», *Letras Libres,* México: 15 de marzo, <http://www.letraslibres.com/mexico-espana/cinetv/tiro-piedra>

«Las búsquedas es cine independiente puro y duro», *elsalvador.com,* San Salvador: 24 de setiembre de 2014, <http://www.elsalvador.com/entretenimiento/136222/las-busquedas-es-cine-independiente-puro-y-duro/>

OTERO, O. (2013) : «*Hasta el sol tiene manchas*», *Cinema 2.0,* 23 de agosto, <http://cinema2puntocero.blogspot.com/2013/08/hasta-el-sol-tiene-manchasjulio.html>

RIVAS, E. (2017), «Ley de apoyo al cine nicaragüense no se cumple. El cine nicaragüense es aún un sueño», *Revista Niu,* Managua: 7 de enero, <http://niu.com.ni/el-cine-en-nicaragua-es-aun-un-sueno/>

RODRIGUEZ GARCIA, M. (2011), «Sebastián Hiriart», 20 de julio, *Enfilme. Cine todo el tiempo*, <http://enfilme.com/entrevista/sebastian-hiriart>

RIVEMAR, G. (2014), «Pepe Valle, un bato cualquiera que hace cine», *El Mexicano*, 11 de mayo, <http://ed.el-mexicano.com.mx/suplementos/identidad/78/page-4.pdf>

«Un filme realizado con 1.500 dólares asombra a Biarritz», *El Universal*, Caracas: 3 de octubre de 2014, <http://www.eluniversal.com/arte-y-entretenimiento/cine/141003/un-filme-realizado-con-1500-dolares-asombra-a-biarritz>

Digitalización e independencia en el séptimo arte: un utopista ern el reino del entretenimiento

SAMUEL SEBASTIÁN

Realizador cinematográfico

LA REIVINDICACION DIGITAL

Sucedió mientras el montador Sergio Sanus y yo rematábamos una secuencia particularmente complicada de mi última película, *La larga noche de la imaginación* (2016). Por suerte disponíamos de una gran cantidad de tomas en diferentes ángulos que nos permitieron hacer un trabajo muy preciso. Al terminar, comenté de pasada: "Esta película hubiera sido imposible hacerla en celuloide". Sergio asintió y recordó cómo, en las prácticas de montaje de la Escuela de Cinematografía, aunque el cambio digital se encontraba cerca y resultaba irreversible, se consideraba imprescindible que un montador fuera capaz de manejar una moviola clásica de celuloide. Después, en su carrera profesional, nunca ha tenido que montar ninguna película de esta manera y probablemente jamás tenga que hacerlo, por lo que el recuerdo de aquellos años de estudiante le pareció más una evocación nostálgica que un comentario profesional.

Por mi parte, siempre crecí pensando que mi primer largometraje lo rodaría en celuloide. Mi primera cámara fue un tomavistas en Súper–8 cuya bobina, tal y como le sucedía al protagonista de *Arrebato* (Iván Zulueta, 1979), anhelaba revelar cada vez que terminaba uno de sus rollos. Por entonces no existía otra alternativa. Antes de pensar incluso qué película haría, ya estudiaba los costes que supondría el material y el revelado, las tomas que podría hacer de cada escena e incluso el alquiler de una pesada cámara cinematográfica. Hasta que llegó el momento en que la idea de esa primera película se fraguó y entonces no tuve ninguna duda: Mi primera película sería completamente digital.

La concebí como un largo plano secuencia, una forma de reivindicar el cine digital como una nueva concepción cinematográfica que permitía expresar aquello que hasta entonces resultaba vedado para el cine tradicional realizado con celuloide. Recordemos el clásico ejemplo de Alfred Hitchcock y *La soga* (*Rope,* 1948), que quiso rodarla en un solo plano, pero tecnológicamente le fue imposible. Como ha señalado Jean-Claude Seguin en *Tracing the borders of Spanish horror cinema and television*, editado por Jorge Marí, entre 2005 y 2011 en diferentes países hispanohablantes hubo una serie de películas que se realizaron en un solo plano como *Tiempo real* (2002) de Fabrizio Prada, *PVC-1* (2007) de Spiros Stathoupoulos, *La casa muda* (2010) de Gustavo Hernández, *90 minutes and I love you* (2011) de Zacarías de la Rosa. Seguin también cita mi opera prima, *El primer silencio* (2006) dentro de este conjunto de películas que realizan una reivindicación del plano secuencia. Los nuevos equipos digitales permitían tomas más largas, movimientos de cámara más suaves, admitían mejor la experimentación y el error, la improvisación, el rodaje a pie de calle sin grandes infraestructuras, etcétera. Lo que habían anunciado un movimiento como Dogma o *El proyecto de la bruja de Blair* (*The Blair witch project,* 1999) de Daniel Myrick y Eduardo Sánchez a finales de los noventa, se consolidaba como una forma de expresión apenas unos años después. Sin embargo, los nuevos equipos digitales aún no podían compararse con los tradicionales, las cámaras digitales no tenían ni de lejos la calidad de imagen de las cámaras de celuloide, los programas de edición aún eran lentos y simples... y, sin duda, el video digital, al estar estéticamente vinculado a las imágenes domésticas, era mucho menos atractivo que cualquier película realizada en celuloide.

La digitalización del cine nacía, pues, con vocación de futuro, aunque en principio como algo experimental, fuera de los circuitos convencionales y aún pendiente de su aceptación por parte de la industria y por supuesto del gran público.

SER ALTERNATIVO, SER INDEPENDIENTE O NO SERLO

En 2017 a nadie le cabe duda de que el presente y el futuro del cine son digitales. El enorme abaratamiento de los costes de producción, las mejoras tecnológicas, el trabajo en red que permite desarrollar producciones con un equipo que se encuentre a grandes distancias posibilitan dar una nueva perspectiva al cine. Sin embargo, esta novedad, o revolución, no solo se ha dado en el ámbito tecnológico. Una parte de ese nuevo cine también busca obtener la financiación a través de formas alternativas que les permitan desarrollar sus obras sin las servidumbres del cine convencional. Así, términos como *no-budget* (sin presupuesto), *crowdfunding* (micromecenazgo), *branding* (publicidad de marcas) o las licencias *Creative Commons* o *Copyleft* se han impuesto en el vocabulario de una gran cantidad de producciones.

Así fue cómo, en efecto, realicé mis dos primeros largometrajes, el ya citado *El primer silencio*, y *La pausa de los muertos* (*La pausa dels morts,* 2011).

En ambos films no había un presupuesto predeterminado, ni una planificación convencional de la producción. Tampoco era necesaria. Y hoy en día se encuentran disponibles en la red de manera gratuita o, si el espectador lo desea, puede pagar por su visionado en una plataforma de pago. La idea que movió a ambos films fue la de transmitir una experiencia cinematográfica pura que no se suele encontrar en las películas convencionales. *El primer silencio* es una historia narrada en tiempo real (76 minutos) que cuenta cómo a una persona le puede cambiar completamente la vida. La idea de la película era la de introducir elementos que incitaran a lo inesperado, lo imprevisible. Se rodó en un único plano secuencia en un apartamento y en las calles de Valencia, sin ningún permiso y sin que los transeúntes estuvieran advertidos del rodaje. Los actores podían ser interpelados en cualquier momento por un desconocido, por un vecino (como así sucede hacia el final del film) o por un camarero, ya que en un momento dado los protagonistas se sientan en una cafetería, o incluso podía interrumpirles un animal doméstico. Así, se recreaba una atmósfera enrarecida que ayudaba a mantener la tensión de los personajes. Igualmente, aunque los ensayos de la película duraron cerca de tres meses, en realidad los actores no tenían un guion fijado que aprenderse. Por esa razón, la última frase que aparece en los títulos de crédito finales es: "Esta película ha sido una improvisación". Inmediatamente después se oye mi propia voz cortando el plano y vemos brevemente al protagonista de la película, Javi Velasco, exhalando profundamente. El reto ha terminado, la primera película ha sido realizada y los espectadores vuelven a la realidad. Esa alusión a lo improvisado de la película era una declaración de intenciones. Cuando termina la película *Sombras* (*Shadows,* 1959) de John Cassavetes, un título indica que: "La película que usted acaba de ver ha sido una improvisación (The film you just have seen was an improvisation)". A finales de los '50 y principios de los '60, Cassavetes encabezó una nueva forma de hacer un cine independiente apartado de los estudios, planificando de manera completamente distinta sus películas a como se hacía hasta entonces y buscando siempre una autenticidad en la interpretación de los actores. Cuando realicé *El primer silencio* sabía que estaba realizando algo distinto, pero aún no sabía exactamente el qué.

En torno a cuatro años duró el rodaje de mi siguiente película. Cuando la comencé, no sabía hacia dónde me iba a conducir por lo que al tiempo que rodaba, la reescribía y la montaba. Hasta que no estuve más de un año rodando no tenía claro cuál era su tema y, una vez lo tuve, dediqué el tiempo restante del rodaje a reflexionar en torno a él. *La pausa de los muertos* es una película que trata en primera persona sobre la pérdida de los seres queridos y tiene una estructura de dos actos claramente diferenciados por un largo fundido a blanco. En la primera parte, se narra la relación que mantenía con mi madre, la pintora Ester Rodríguez Ro, mientras ella estaba enferma de cáncer. En la segunda, después de su fallecimiento, sigo las huellas que ella ha dejado durante su vida al mismo tiempo que su recuerdo comienza a hacerse, lentamente, más distante. Reconozco que la experiencia de realizar la película y su presentación posterior ha sido una de las más intensas de mi vida. Como escribí entonces en mis apuntes, a los que luego les di forma de artículo para *L'Atalante*:

> Cuando vuelvo a la sala de proyección, la película está a punto de terminar, el silencio es tenso y la gente está tan perturbada que le cuesta aplaudir. Alguien del público me pregunta si la película me ha liberado y le respondo que no, que me ha dejado una marca para siempre en mi interior. Mientras las películas se suceden, me doy cuenta de que el público parece haber leído mis pensamientos durante la proyección. Todo resulta tan íntimo y a la vez tan impúdico, por la fuerte vinculación que tengo con el documental, reforzada además por el hecho de ser una película independiente, autogestionada y autodistribuida. Me siento como si hubiera escrito una novela o hubiera pintado un autorretrato. Tal vez el cine se ha convertido en un espectáculo tan mediatizado que hemos olvidado que la relación entre el autor y el espectador puede ser directa, emotiva, intensa.

Desde mi punto de vista, *La pausa de los muertos* sigue siendo una película sencilla pero épica, ya que nos enfrenta a nuestros temores más profundos, la muerte, el olvido, la pérdida de los seres queridos. Desde que la realicé supe que había encontrado un estilo personal de hacer cine y que a partir de entonces todo lo que hiciera estaría impregnado de una forma propia de observar el mundo y plasmarlo en imágenes. Para cualquier artista encontrar su estilo es una tarea muy compleja porque implica pulir, desechar, reciclar ideas propias y ajenas hasta que las imágenes tienen siempre el sello de su autor. Y supe que el principio de ese largo camino para encontrar el estilo propio había comenzado por esta película. Aunque hace años que no se proyecta en ningún sitio, aún sueño con ella.

Desde entonces, cada vez que doy clase, les explico a mis alumnos que nunca deben repetir esquemas preexistentes. La gran mayoría de los alumnos de cine, cuando presentan sus trabajos, imitan modelos previos, normalmente del cine convencional. Piensan que esta será la mejor manera de vender fácilmente sus guiones o sus *teasers*, pero no piensan que lo mismo que están haciendo ellos, lo están haciendo miles de alumnos por todo el mundo al mismo tiempo. Sin embargo, muy pocos son los alumnos que buscan un estilo propio, diferente al de los demás cineastas. Encontrar ese estilo para mí es el verdadero éxito en el mundo del cine.

CINE PARA PERDER

Recuerdo una entrevista a un dibujante de comics en la que decía que, cuando comenzó, quería acabar con las formas tradicionales de realización y distribución de los cómics aunque en el fondo lo que anhelaba era ver sus obras publicadas en papel, como lo hacían todos los dibujantes famosos. Esta contradicción es perfectamente aplicable a una gran cantidad del cine independiente que se realiza hoy en día: muchos quieren (queremos) realizar películas en los márgenes, salir de las convenciones, buscar nuevos espacios de distribución y exhibición, pero no hay nada que nos cause más placer que ver nuestra película en una sala cinematográfica y, si puede ser en un buen festival internacional, mucho mejor.

Hasta hace unos años, el camino de una película estaba completamente predeterminado. La exhibición comenzaba con la *première* en un festival internacional, unos seis meses después llegaba el estreno en salas comerciales, después su alquiler en vídeo o DVD y finalmente su emisión en canales de televisión. Progresivamente los tiempos de una ventana a otra se fueron recortando, ya que interesaba más una explotación breve para dar paso enseguida a la siguiente película, que una explotación larga. La sucesiva compresión de los tiempos ha hecho que muchas películas se pierdan en las frenéticas campañas publicitarias y una gran cantidad de films se quede fuera del circuito.

La vasta cantidad de producción cinematográfica hace que la competición por destacar respecto del resto de películas requiera un esfuerzo enorme. Aunque el trabajo en red facilite la difusión de la película por todo el mundo, ¿hay espacio para tantas producciones? Hoy en día el *quid* de la cuestión no es tanto la producción, ya que con un equipo doméstico se puede obtener un resultado cinematográfico de gran calidad, la diferencia la marcan los profesionales que manejan los equipos, no los equipos en sí. La clave se encuentra en cómo difundir las películas, cómo conseguir que estas encuentren un espacio relevante y sobre todo cómo rentabilizar la inversión realizada, por muy baja que esta haya sido.

Hará un año se dio un caso llamativo: *Flow* (2014) de David Martínez, una película que había sido proyectada en una gran cantidad de festivales en los que obtuvo más de una treintena de premios, pero en cambio no tenía el reconocimiento del Ministerio de Cultura. ¿Por qué razón? Hará unos diez años obtener una selección en un festival tenía una cierta trascendencia, ya que la mayor parte de los festivales estaba profesionalizada, había una gran cantidad de invitados y una gran afluencia de público. Hoy en día el abaratamiento de los costes de un festival ha hecho que la organización de un festival pueda llegar a tener como único gasto el coste de la sala..., que es cero si el festival es *online*. De esta manera la selección en un festival ha dejado de ser algo meritorio. Ilustres films desconocidos han sido seleccionados en una gran cantidad de festivales y ni siquiera han llegado a ser estrenados comercialmente. En parte, es el caso de la mencionada *Flow*, cuya amplia selección en festivales no ha estado acorde con su repercusión mediática, aunque haya llegado a ser estrenada comercialmente. Y los mismos autores, como señalan en el artículo citado, reconocen que, a pesar de la gran cantidad de premios recibidos, la película no ha sido rentable.

Hoy en día, podemos decir sin temor a equivocarnos, que una inmensa mayoría del cine que se realiza no solo no se ve, sino que tampoco resulta rentable para los productores. En cambio, se sigue haciendo y se seguirá haciendo a pesar de la poca o nula rentabilidad económica, a pesar de que no sea tomado en cuenta por las instancias oficiales, a pesar de que no fomente la industria. Ese es el cine verdaderamente independiente de la actualidad, el que nace con la vocación de encontrar un espacio en los miles y variados festivales que florecen actualmente. Un cine que a veces llega a emplear las vías más extremas, por imprevisibles, de financiación independiente, como el micromecenazgo, o se realiza sin presupuesto, como sucedió con *Coherence* (*Coherence*, 2013) de James Ward Byrkit, que, a pesar de no contar con ningún presupuesto, se estrenó en una gran cantidad de países. Si en el cine de producción tradicional los caminos de producción y distribución están claros y pautados, aquí todo es imprevisible. Las películas se hacen en precario, se proyectan (las que se proyectan) en festivales completamente desconocidos para el gran público y, como máxima aspiración, pueden obtener algún premio. La depredación de esos pequeños festivales hace que incluso los autores deban pagar por recibir el premio o porque los organizadores del festival les escriban una reseña de la película.

Este es el mundo al que deben (debemos) enfrentarse diariamente los pequeños cineastas independientes de hoy en día. Un mundo en el que perder (dinero) puede ser la norma, pero que muchas veces esa pérdida está compensada por los reconocimientos en diferentes partes del mundo. No lo olvidemos que el cine, como cualquier industria, se basa en un sistema piramidal del que solo conocemos las apariencias de su cúspide. A medida que vamos bajando, la pirámide se ensancha y aparecen profesionales de todo tipo hasta llegar a su lugar más bajo, en el que se encuentran los que aspiran a dedicarse profesionalmente al cine pero nunca llegarán a conseguirlo.

PEQUEÑAS UTOPIAS

Cuando comienza a trabajar profesionalmente, un cineasta se suele debatir entre el cine que le gustaría hacer y el que realmente puede hacer y solo comienza a alcanzar la madurez cuando sus deseos y la realidad de las producciones que puede afrontar coinciden. Después de *La pausa de los muertos* consideré que había llegado el momento de realizar un salto y evolucionar en mi carrera. Así que durante varios años busqué ese difícil encuentro entre las películas que deseaba hacer y las que realmente podía hacer. De esa manera fue como nació *La larga noche de la imaginación*, cuyo origen precisamente se encuentra en la promoción de mi anterior película, *La pausa de los muertos*, tal y como señala Enric Llopis en *Rebelión:*

> Cuando Samuel Sebastian terminó de rodar *La pausa de los muertos* y se presentaba esta película en diferentes festivales, entre otros el Cinema Vérité de Teherán. "Era un momento complicado, porque el régimen iraní estaba represaliando a muchos cineastas", explica el director. Un grupo de realizadores protestaron y de manera solidaria retiraron sus películas, de hecho, finalmente no se celebró el festival. Este episodio le hizo reflexionar al director de *La larga noche de la imaginación* sobre los motivos de la censura y las libertades creativa y de expresión, "que también son reprimidas en el mundo occidental, por ejemplo, ciertas marcas o bancos nunca son criticados en los medios de comunicación", explica Samuel Sebastian. Su idea era producir un documental para que los cineastas iraníes pudieran plantear su punto de vista, pero estos prefirieron no participar, bien por miedo, bien porque entendían que eran las películas y los personajes los que deberían hablar. Entonces se fue abriendo camino una idea "alternativa", una película de ficción.

A partir de aquí, y basándome en mis experiencias propias con refugiados que conocí en Europa y África, comencé a trabajar en la idea de que las personas, allá donde vayamos, arrastramos nuestros problemas. Por esa razón, cada uno de los protagonistas de *La larga noche...* es de un continente distinto y todos confluyen en Valencia con una misma sensación, que allá donde vayan, se sentirán perseguidos por las vivencias que tuvieron en sus países de origen. El camino por el cual la película fue posible fue muy largo, desde la idea original de hacer un documental, pasando por las diferentes modificaciones en la historia: en el guion original la protagonista era femenina y no masculina, se contaba una historia y no tres, etcétera. Después, su camino por festivales, antes de su estreno comercial a principios de 2018 ha sido más que satisfactorio, se han mezclado festivales de Clase A como el Bogocine junto con otros más pequeños y que, en todo caso, han servido para que la película llegara a muchos rincones del mundo, desde Burundi hasta Italia pasando por Francia, Chile, India o Sudáfrica. Aunque mi cine aspire a la globalidad, no deja de ser un cine pequeño, realizado con la idea de hacer reflexionar en torno al mundo que nos rodea. Por esa razón, mientras planifico mis siguientes películas, me tomo un tiempo importante para reflexionar sobre ellas. Como suele ser habitual en este tipo de cine en el que la financiación nunca está del todo asegurada, se suelen desarrollar varios proyectos a la vez a la espera de conseguir la financiación para uno de ellos. Y a veces esta financiación no llega directamente de ayudas audiovisuales, como es el caso del cortometraje que realicé en 2016, *Esperando a Europa*, y que formó parte de una campaña de sensibilización en torno a la situación de los refugiados promovida por el ayuntamiento de Valencia.

Mientras tanto, continúo trabajando como programador de festivales internacionales y como profesor de cine, lo cual me permite tener un contacto directo con el que se realiza actualmente, sus obstáculos y los caminos para su distribución. Igualmente, a través de las preguntas de mis alumnos, me he cuestionado sobre el papel del cine en la sociedad actual. Entonces les respondo que sin duda no es el mismo que tenía hace veinte o treinta años. Y no porque el cine de hoy sea peor, sino porque han cambiado las formas de reflexión que influyen en la sociedad y la cultura. Es probable que la sobreabundancia de cine, como ya hemos visto, haga que el interés individual en cada película se disuelva, ya que la agotadora serie de estrenos que padecemos, muchos de ellos de ínfima calidad, impide que se pueda reflexionar pausadamente sobre las películas que sí merecen la pena. No obstante, es indiscutible que el cine es una de las formas más perfectas de contar historias y, tal vez de forma utópica, pienso que debe ser una forma de transmisión de conocimiento para los seres humanos, debe servir para entender simbólicamente una época y, por supuesto, debe mejorar la sociedad en que vivimos y extender nuestro legado a las generaciones futuras.

BIBLIOGRAFIA

HERMOSO, B (2017), «Del Vaticano a la cárcel», *El País*, Madrid: 1 de enero de 2017, <https://elpais.com/cultura/2016/12/30/actualidad/1483057940_384870.html>.

LLOPIS, E. (2016), «Las personas refugiadas arrastran su conflicto a los lugares de destino», *Rebelión*, 14 de enero de 2016, <http://www.rebelion.org/noticia.php?id=207810>.

MARÍ, J. (ed.) (2017), *Tracing the borders of Spanish horror cinema and television*, Nueva York: Routledge, p. 230.

SEBASTIAN, S. (2012), «El cine sin pausa», *L'Atalante*, Valencia: Número 13, pp. 52–54.

AUTORES

CARLOS ALEJANDRO BELMONTE GREY
Doctor en Estudios Hispanoamericanos por la Sorbona y en Historia Social Contemporánea por la Universitat Jaume I. Ha sido profesor en las universidades Sorbonne-Nouvelle, Avignon y Franche-Comté. Su investigación se centra en la historia cultural vista desde el cine a partir de dos ejes centrales: las identidades, los nacionalismos y la cultura vernácula; y el cine de la revolución mexicana y el popular latinoamericano.

NANCY BERTHIER
Catedrática de Artes visuales en el Instituto de Estudios Hispánicos, Université de la Sorbonne (Faculté des Lettres), del que es directora. Doctora asimismo por la Universidad de la Sorbona, ha sido miembro de la Escuela Normal Superior de París y de la Escuela de Altos Estudios Hispánicos (Casa de Velázquez, Madrid). Actualmente es también responsable del ámbito de las artes visuales del Centro de Investigaciones Interdisciplinares sobre los Mundos Ibéricos Contemporáneos (CRIMIC EA 2561). Trabaja sobre la relación entre artes visuales e historia / memoria / política / propaganda (siglos XX-XXI, España y Cuba, principalmente), así como sobre relaciones entre pintura y cine, aspectos sobre los cuales ha dirigido trabajos doctorales y postdoctorales y ha publicado numerosos textos y libros. Ha sido invitada en varios países de Europa y América para impartir clases o pronunciar conferencias.

MARIANNE BLOCH-ROBIN
Profesora Titular en el Departamento de lenguas extranjeras de la Universidad de Lille, Sciences humaines et sociales, y miembro del grupo de investigación CECILLE (EA 4074). Es doctora en Estudios Hispánicos e Hispanoamericanos, especialista en la función de la música en el cine y en la obra del cineasta español Carlos Saura. El enfoque de su reflexión es principalmente estético y narratológico, pero se interesa también por los aspectos históricos y culturales de las obras cinematográficas. Es autora de varios artículos sobre cine español y latinoamericano, sobre la obra de Carlos Saura y sobre la música en el cine.

Ha publicado en 2013, en la editorial Grimh, un libro titulado *Madrid dans le cinéma de Carlos Saura. Los Golfos - Deprisa, deprisa - Taxi.*

MARÍA LOURDES CORTÉS PACHECO
Historiadora del cine costarricense y centroamericano, catedrática de la Universidad de Costa Rica y directora de CINERGIA, Fondo de fomento al audiovisual de Centroamérica y Cuba. Ha dirigido la primera escuela centroamericana de Cine y Televisión (Universidad Veritas) y el Centro Costarricense de Producción Cinematográfica. Tiene el Premio Joaquín García Monge de difusión cultural y dos Premios de Ensayo Aquileo J. Echeverría por los libros *Amor y traición, cine y literatura en América Latina* (1999) y *La pantalla rota. Cien años de cine en Centroamérica* (2005). Este último le valió asimismo el premio "Ezequiel Martínez Estrada" de la Casa de las Américas (Cuba). Su último libro, *Los amores contrariados. García Márquez y el cine* (Ed. Ariel), ganó el premio de la Fundación del Nuevo Cine Latinoamericano. Ha sido jurado de festivales cinematográficos en Francia, Holanda, Cuba, México y Panamá, donde también ha dado charlas y talleres. En 2005 el Gobierno de Francia le otorgó el grado de Caballero de la Orden de Honor al Mérito.

ANTONIA DEL REY REGUILLO
Doctora por la Universidad de Valencia y Profesora Titular de Comunicación Audiovisual en dicha institución. Desde el año 2005 dirige el grupo internacional de I+D CITur (Cine, Imaginario y Turismo) con el que ha desarrollado varios proyectos de investigación sobre las diversas interacciones habidas entre el cine español de ficción y el turismo. Ha escrito numerosos artículos en revistas científicas nacionales e internacionales y capítulos de libros colectivos. Entre sus libros como autora destacan *Orson Welles. Ciudadano Kane* (Paidós, 2002) y *Los borrosos años diez. Crónica de un cine ignorado* (Liceu E-excelence, 2005). También ha sido editora de *Cine, Imaginario y Turismo* (Tirant lo Blanch, 2007), *Turistas de película* (Biblioteca Nueva, 2013) y *Viajes de Cine* (Tirant Humanidades, 2017). Como invitada, ha impartido conferencias en la Milwaukee University (Estados Unidos), la Universidad de Barcelona y la Biblioteca Nacional de España. Es miembro asociado del grupo Artes Visuales del CRIMIC, Universidad París-Sorbona.

SONIA GARCÍA LÓPEZ
Doctora por la Universitat de València y profesora en el grado bilingüe de Comunicación Audiovisual de la Universidad Carlos III de Madrid, donde forma parte del grupo Tecmerin (Televisión-Cine: memoria, representación e indus-

tria). Ha realizado estancias de investigación en New York University (Tisch School of the Arts y Department of Spanish and Portuguese Languages and Literatures) y en Université Paris-Sorbonne (CRIMIC, Centre de Recherches Interdisciplinaires sur les Mondes Ibériques Contemporains) y es autora de los libros *El cuerpo y la voz de Margarita Alexandre* (Tecmerin, 2016), *Spain is US: la guerra civil española en el cine del Popular Front (1936-1939)* (PUV, 2013) y *Ser o no ser. Ernst Lubitsch* (Paidós, 2005), así como coeditora del volumen colectivo *Piedra, papel y tijera: el collage en el cine documental* (Ocho y medio, 2009). Actualmente forma parte del comité de redacción de *Kamchatka. Revista de análisis cultural.*

LAURA GRIFOL-ISELY

Tras haber realizado sus primeros estudios universitarios en la Facultad de Filosofía de la Universidad de Valencia, prosiguió su formación en la Sorbona, donde se interesó por la filosofía francesa, las ciencias del lenguaje, la sociología y el cine. Actualmente combina su trabajo como docente en la Universidad del Franco Condado con su labor investigadora en el marco de una tesis co-dirigida por Nancy Berthier (Sorbonne Université) y Vicente Sánchez-Biosca (Universitat de València), centrada en las representaciones cinematográficas contemporáneas de Barcelona. Ha participado en un estudio monográfico que lleva por título *Benet et les champs du savoir* (Presses Sorbonne Nouvelle, 2015) con un artículo en torno a las influencias filosóficas observables en algunas obras del mencionado autor. Ha analizado algunos aspectos del montaje en el cine de Almodóvar, y ha presentado diversos trabajos sobre cine y ciudad en congresos internacionales, muchos de ellos en vías de publicación.

ALEJANDRO IZQUIERDO

Luego de una carrera en la industria petrolera venezolana, en 2005 comienza a trabajar en el mundo cinematográfico como director de distribución de Cines Unidos (Venezuela). Licenciado en Historia del Arte, mención Cine, Universidad Paris 1, Panteón-Sorbona, Francia (2010). Entre 2012 y 2013 se desempeñó como docente en la Escuela Nacional de Cine (Caracas) en las cátedras de Historia del cine mundial, Cine latinoamericano y El cine como negocio. Actualmente realiza un proyecto doctoral en la Universidad Paris Sorbonne, "La representación de la violencia en el cine venezolano contemporáneo", enseña cine latinoamericano en la Universidad Sorbonne Nouvelle y es miembro de la Academia de los Premios Lumières en Francia.

ANA MARÍA LÓPEZ
Profesora asociada de la Facultad de Comunicación Social (Periodismo) de la Universidad Pontificia Bolivariana de Medellín (Colombia). Doctora por la Universidad Paris-Sorbonne y la Universidad de Chile en Estudios Latinoamericanos. Es miembro asociado del Centre de Recherches Interdisicplinaires sur les Mondes Ibériques Contemporains (CRIMIC) de la Universidad Paris-Sorbonne. Actualmente forma parte del Grupo de Investigación en Comunicación Urbana (GICU) de la UPB, categoría A1 de Colciencias. Formó asimismo parte del equipo creador del programa de Maestría en Cine Documental de la UPB, el cual coordinó entre 2016 y 2017. Sus investigaciones se inscriben en el Análisis del Discurso, los Estudios Culturales y el Análisis Fílmico. Ha sido evaluadora de becas de la investigación y circulación de documental, así como miembro de los jurados del DocsBarcelona + Medellín y del Festival Internacional de Cortometrajes de Medellín - FICME en el 2016.

GERMÁN LLORCA ABAD
Doctor en Comunicación Audiovisual. Desde 2002 es profesor del Departamento de Teoría de los Lenguajes y Ciencias de la Comunicación de la Universidad de Valencia, actualmente con el grado de Contratado-Doctor. Es miembro de los grupos Investigación Mediaflows y CRITICOM y ha participado como editor de varias obras colectivas sobre comunicación digital y televisión. Es autor de los libros de ensayo *Dictaduras de Velocidad* (Biblioteca Nueva) y *Lucidez: una Modernidad sin excesos* (UOC), así como de diversos artículos académicos publicados en revistas españolas e internacionales. Profesor invitado en la Universität des Saarlandes en Alemania, Universidad Austral de Chile y la Universidade Paulista de Brasil, ha sido asimismo becario del programa José Castillejo en la Johannes Gutenberg-Universität de Maguncia. Ha trabajado como periodista en Canal 9 RTVV, el *Periòdic d'Ontinyent* y es fundador del diario digital *Aramultimedia.com.*

VÉRONIQUE PUGIBET
Maître de conférences en la Université Paris-Sorbonne. Es miembro del CRIMIC (EA 2561, composante Arts visuels), del GRIMH (Grupo de Investigación sobre la Imagen en el Mundo Hispánico) y de la Sociedad de la SHF (Société des Hispanistes Français). Forma parte del Comité de redacción de Iberic@l, revista del CRIMIC. Sus investigaciones conciernen por una parte las imágenes y representaciones de la alteridad difundidas a través de los soportes de enseñanza y los medios de comunicación y por otra parte las representaciones de la hispanidad sobre todo la mexicanidad en el cine.

ÀNGEL QUINTANA

Profesor de Historia y Teoría del cine en la Universidad de Girona. Ha sido docente invitado en la Universidad Paris III, la Universidad de Lausanne, Flacso Argentina y la Universidad de los Andes de Bogotá. Es crítico de cine en *Elpuntavui* y coordinador de la revista *Caimán Cuadernos de cine*. Entre sus publicaciones destacan *Fábulas de lo visible* (Acantilado, 2003, premio de la Asociación española de Historiadores del cine), *Virtuel?* (Cahiers du cinéma, 2008), *Después del cine* (Acantilado, 2011) y diferentes monografías sobre Roberto Rossellini, Jean Renoir, Olivier Assayas, Peter Watkins y Federico Fellini. Es director del "Seminario sobre orígenes y antecedentes del cine". Ha sido investigador principal de diferentes proyectos sobre el cine de los orígenes y participa como investigador activo en el proyecto "A million Thousand Pictures: Magic Lantern Slides heritage", financiado por la Unión Europea.

JORDI REVERT

Licenciado en Periodismo y Comunicación Audiovisual por la Universitat de València y ha completado el Máster en Interculturalidad, Comunicación y Estudios Europeos en el mismo centro. En la actualidad prepara su tesis en torno a las relaciones intermediales entre cine y cómic. Crítico y escritor cinematográfico, desde 2008 ejerce su labor profesional en diversos medios (*LaButaca.net, Miradas de cine, Détour, Cine Archivo*) y ha publicado numerosos artículos en revistas científicas. Entre 2009 y 2016 formó parte del Consejo de Redacción de *L'Atalante. Revista de estudios cinematográficos* y entre 2015 y 2016 dirigió la publicación. Es autor de los libros *Paul Verhoeven* (Cátedra, 2016) y *En busca de lo real: 50 documentales esenciales* (Editorial UOC, 2017). Ha impartido diversos cursos y seminarios universitarios sobre aspectos relacionados con el cine y el periodismo y participado como jurado en festivales de cortometrajes y mediometrajes (La Cabina, Cortocomenius).

SAMUEL SEBASTIAN

Licenciado en Historia del Arte y máster en Comunicación Audiovisual, es un experimentado y premiado cineasta, dramaturgo y guionista que ha filmado en España, Francia, Suiza, Azerbaiyán, Marruecos y Uganda. Su filmografía exhibe un estilo, delicado y poético capaz de atrapar las emociones de la audiencia. Entre sus galardones destacan el Premio Octubre de teatro por *Les habitacions tancades* en 2008; el Premio Tirant 2010 al mejor documental por *Las migrantes*; y el primer premio de guion del prestigioso Festival de Rhode Island por *SandWoman* en 2014. Su película *La pausa de los muertos* (2011) fue retirada por él mismo del Festival de Cine de Teherán, como protesta pública por los abusos y torturas del gobierno iraní. Su último largometraje, *La larga noche de la imaginación* (2016) ha sido proyectado en festivales de todo el mundo. Actualmente, se encuentra preparando su siguiente película. Más información en samuelsebastian.com

PAUL JULIAN SMITH

Especialista en cine y televisión de España y América Latina y doctor por la universidad de Cambridge, Reino Unido. Actualmente es Catedrático Distinguido en el Graduate Center de la City University of New York. Es autor de diecinueve libros sobre cultura latinoamericana y española, entre ellos, *Amores Perros* y *Las leyes del deseo* (traducidos al español); *Desire Unlimited: The Cinema of Pedro Almodóvar* (el primer libro sobre el director en inglés); y *Mexican Screen Fiction: Between Cinema and Television*. Es autor asimismo de unos 90 artículos científicos. Es miembro ('Fellow') de la British Academy. Como periodista es columnista de *Film Quarterly*, revista publicada por la Universidad de California. Ha dado clase como profesor invitado en universidades en Gran Bretaña, EEUU, y España y ha dado más de cien conferencias y ponencias por todo el mundo. Ha participado de jurado en los festivales de cine de Morelia y San Sebastián. Su último libro es *Queer Mexico: Cinema and Television Since 2000* (Wayne State UP, 2017).